Agradecimientos

Un millón de preguntas para un Neurocientífico – Descubriendo el cerebro

«Me ha encantado... Para cualquiera que esté interesado en los fundamentos de la ciencia del cerebro y en cómo funcionan las neuronas, lleno de preguntas sobre cómo funciona este superórgano y cómo controla el cuerpo humano, es una lectura fascinante... Los complejos mecanismos de la neurociencia se explican con ejemplos de la vida cotidiana... Es casi como estar en un aula interesante con un profesor increíble que te trae el tema a casa... Este libro es un viaje emocionante y, literalmente, un alimento para el pensamiento».

- Aneesha Shewani, Reedsy Discovery

«Me hizo reír a carcajadas... Soy el primero en admitir que no tengo una inclinación científica, y normalmente, me alejo de cualquier cosa que huela a ciencia. Pero el Dr. Tranter explica las cosas de una manera que incluso los más "no atrídos por la ciencia" (como yo) puedan entender... Tiene algunos comentarios que me hicieron reír literalmente a carcajadas. El apartado "Los expedientes X de la neurociencia" fue incluso más intrigante que el apartado de preguntas y respuestas».

- Long and Short Reviews

«Fascinante... Me gusta la elección de los temas. No son demasiado extravagantes, y giran en torno a cosas cotidianas - sueños, congelación del cerebro, adicción, bilingüismo, por ejemplo... Es lo suficientemente manejable y sencillo como para que incluso alguien como yo pueda seguir fácilmente la narración. La última parte, hacia dónde vamos, es fascinante».

- Reseñas de Viviana-MacKade

«Una lectura sorprendentemente divertida y cautivadora... El libro es a la vez realista y lleno de humor mientras que explica en términos sencillos cómo funciona nuestro cerebro. *Un millón de preguntas para un Neurocientífico* es un libro perfecto tanto para el científico en ciernes como para el lector curioso con la vida... Todo el mundo encontrará este libro interesante y deliciosamente repleto de datos extraños sobre nuestro cerebro».

- Hurn Publications

«Échale un vistazo a este libro... Entre sus páginas podrás entretenerte e informarte. Los lectores aprenden sobre lo común y lo infrecuente de una manera accesible... Así que, si quieres aprender sobre si es posible aumentar tu coeficiente intelectual, cómo hacer varias tareas a la vez de manera efectiva, qué causa la depresión, o tener respuesta a otras preguntas fascinantes, échale un vistazo a este libro».

- Travel The Ages

Un millón de preguntas para un neurocientífico

Un Millón de Preguntas Para Un Neurocientífico

Descubriendo El Cerebro

Dr. Mike Tranter

Diseño del libro por Fiaz Ahmed

Editado por Selena Class (inglés)

Traducido por Farah Ghosn

Editado por Noemí Maza Paz y Melissa Estrada (español)

ISBN 978-1-737-1026-1-8 (tapa blanda)

www.aNeuroRevolution.com

2 3 4 5 6 7 8 9 10

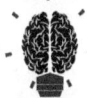

TABLA DE CONTENIDO

TABLA DE CONTENIDO

PREFACIO

Vale, me has pillado. En realidad, no hay un millón de preguntas en este libro, pero existe la *posibilidad* de hacer un millón de preguntas sobre el cerebro. Eso es lo que más me gusta de la ciencia: siempre puedes preguntar algo nuevo. Incluso si vuelves a plantear los mismos problemas de siempre, puedes ser tú quien descubra algo nuevo. Esa chispa, esa emoción y curiosidad por encontrar la respuesta sin más motivo que el de estar ahí para ser descubierta, es lo que hace a un gran científico. El simple hecho de coger este libro y desafiarse a sí mismo para aprender sobre el cerebro, demuestra que tú también tienes un poco de esa misma curiosidad. No hace falta que seas un ratón nerd de laboratorio como yo para encontrar esa chispa de alegría, ese entusiasmo por lo singular y novedoso, y la curiosidad por obtener respuestas. Este es un rasgo humano fundamental y al que se dará rienda suelta a lo largo del libro.

Paso la mayor parte de mi vida en un laboratorio investigando como funciona el cerebro. Lo que hago me produce una enorme alegría, pero la oportunidad de hablar con la gente sobre los misterios del funcionamiento interno del cerebro y del por qué hace las cosas que hace es lo que me produce la mayor alegría. Este es el primer libro que he escrito, y he disfrutado un montón escribiéndolo. Interactuar con personas de todo el mundo que sienten curiosidad por la ciencia me ha llenado de genuina emoción y asombro, lo que espero que se transmita a lo largo de los siguientes capítulos.

Cuando decidí escribir este libro, quería que se centrara en las ideas que realmente despiertan la sensación de asombro en las personas. Por lo que decidí pedirle a gente de todo el mundo que me enviaran sus preguntas más interesantes sobre el cerebro, cuestiones que siempre habían querido saber pero a las que nunca habían tenido oportunidad de dar respuesta.

Me ha sorprendido y me ha llenado de humildad la cantidad de apoyo e interés que he recibido de la gente. El nivel de respuesta ha superado incluso mis más altas expectativas y me ha permitido ver la ciencia desde una perspectiva diferente. Conocer lo que otras personas encuentran fascinante sobre el cerebro, y su interés por la neurociencia, me inspiró a lo largo de la escritura de este libro.

La selección de las mejores preguntas a incluir no fue un proceso fácil. Algunas preguntas tienen su propia sección, mientras que otras están incluidas en el cuerpo del libro, lo que me ha permitido adaptar el contenido para dar respuesta a todo lo que me habéis ido pidiendo. El nivel de respuesta y el entusiasmo fueron tan grandes que amplié el libro con capítulos adicionales diseñados para adentrarnos en otras áreas de la neurociencia a través de la mirada de un investigador científico- un punto de vista que pocas personas fuera de un laboratorio realmente llegan a experimentar. Exploraremos juntos cómo los neurocientíficos están utilizando el conocimiento actual sobre el cerebro para crear un mundo nuevo y futurista para la humanidad que casi podría estar sacado de una novela de ciencia ficción. Destaparemos el funcionamiento de los mecanismos internos del cerebro, os mostraré lo que ocurre cuando no funciona como debería y también exploraremos cómo la ciencia impregna múltiples facetas de nuestra vida.

El último capítulo, escrito por Jodi Barnard, está dedicado a las mujeres que estudian y trabajan en CTIM (ciencia, tecnología, ingeniería y matemáticas). Para mí era importante añadir este capítulo ya que he visto de primera mano, con amigos y colegas, algunos de los retos a los que se enfrentan las mujeres a la hora de establecerse en una carrera como científicas, no solo en el campo de la investigación, sino en todos los campos. Me siento increíblemente orgulloso y afortunado de contar con la colaboración de Jodi, una mujer con un futuro prometedor como científica, y que comparte a lo largo del capítulo su perspectiva sobre cómo ser una increíble científica. Espero que su experiencia os anime e inspire a seguir superando vuestros límites y a no dejar nunca de aprender.

Gracias de nuevo por leer mi libro y por todo vuestro apoyo. Ahora sigamos con ello, porque como siempre digo......

¡La ciencia nunca duerme!

INTRODUCCIÓN

UNA RÁPIDA MIRADA AL INTERIOR DEL CEREBRO

¿Qué es nuestro cerebro? Sí, es esa cosa rosada y blanda dentro de nuestra cabeza que nos ayuda a comunicarnos, a aprender cosas nuevas, a mantenernos despiertos por la noche preocupados por ese chiste malo que contamos hace una semana... Bueno, que nos ayuda a hacer prácticamente todo – pero ¿qué es exactamente?

El cerebro es el centro de control de todo lo que hace nuestro cuerpo, casi todas las tareas se controlan desde la parte de la mente no consciente, por lo que ni siquiera tenemos que pensar en ello. No controlamos conscientemente cuándo tenemos hambre o estamos cansados, o cuándo cambiar nuestra presión arterial o nuestro ritmo cardíaco, y desde luego no nos decimos a nosotros mismos que hay que sentir dolor cuando nos golpeamos el dedo gordo del pie. El cerebro hace todo esto simultáneamente, y mucho más, cada segundo del día, incluso mientras dormimos.

LA NEURONA

Sin entrar todavía en detalles (no quiero asustarte), vamos a hablar sobre de qué está hecho nuestro cerebro. Probablemente sepas que el cerebro está formado por células cerebrales, llamadas neuronas. Éstas son las células encargadas de enviar señales (llamadas potencial de acción) por todo el cerebro y que se conectan con otras células cerebrales en una extraordinariamente compleja y siempre cambiante red. Unas 88.000 mil millones de neuronas existen en nuestro cerebro, y cada una de ellas puede tener miles o

1

decenas de miles de terminaciones, que forman sinapsis cuando se conectan a otras neuronas.

¿Impresionado? ¿Qué tal si te digo que algunas de estas neuronas pueden enviar potenciales de acción a casi 480 kilómetros por hora? ¡Eso es más rápido que un coche de Fórmula 1! Más adelante verás dibujada una neurona típica que consta de un cuerpo celular con su núcleo (almacena ADN y reparte instrucciones), un axón (el ferrocarril por el que viajan las señales nerviosas), las dendritas (que son como los ferrocarriles más pequeños que van a lugares específicos) y la sinapsis (el puente levadizo medieval donde el ferrocarril se detiene y los mensajes se lanzan de un lado a otro). ¡Ya está! Eso es todo lo que hay en una célula cerebral, y ahora que conoces una de las células más importantes del cuerpo, eres oficialmente un neurocientífico.

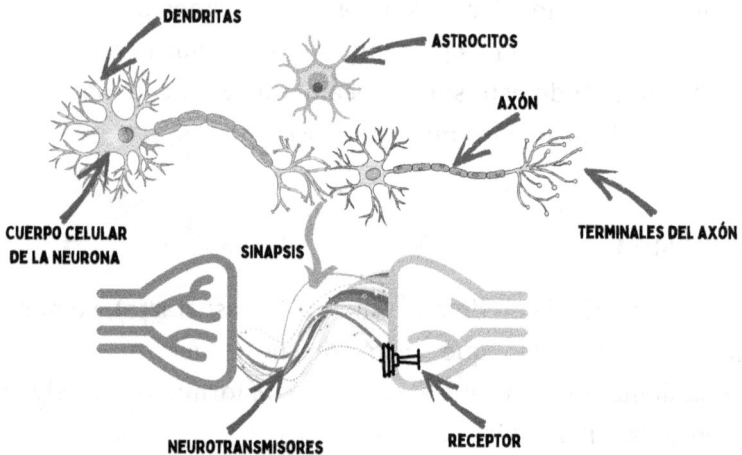

Las dendritas de la neurona formarán conexiones con otras neuronas. Estas conexiones, darán lugar a una sinapsis en donde se liberan los neurotransmisores. Los axones también pueden estar recubiertos de mielina para que las señales eléctricas viajen de forma más eficiente.

NEUROTRANSMISORES

En la sinapsis se liberan los neurotransmisores. Sustancias químicas que hacen lo que su nombre indica – «transmiten» una señal nerviosa entre las neuronas. Como la sinapsis no es esencialmente más que un espacio entre neuronas, se necesita una forma de enviar mensajes de una a otra neurona, esta es la función de los neurotransmisores. Cuando un potencial de acción viaja a lo largo de una neurona, al llegar a la parte final de la neurona esta señal nerviosa provoca la liberación de un neurotransmisor. Cuando la neurona adyacente lo recibe (se adhiere a receptores especializados que «atrapan» al neurotransmisor), la neurona sabe que debe pasar la señal, como si fuera un corredor de relevos que tiene que entregar el testigo. Estas señales, que no son más que mensajes eléctricos codificados, darán instrucciones a nuestro cerebro. Estas instrucciones podrían ser para que recordemos algo, para reírse de un buen chiste o indicar que es hora de ir a dormir – para cualquier cosa en realidad.

Es posible que ya hayas oído hablar de algunos neurotransmisores como la serotonina, la dopamina, la noradrenalina (norepinefrina) o el glutamato. Los neurotransmisores básicamente representan los idiomas del cerebro. Por ejemplo, algunas neuronas hablan el idioma de la dopamina y otras el de la serotonina. Es una forma de organización para que nuestro cerebro hable solo con las áreas que necesita en lugar de dejar que todo el cerebro escuche un mensaje que está destinado a un área en concreto, lo que lo confundiría.

OTRAS CÉLULAS DEL CEREBRO

Cuando los científicos hablan de que el cerebro está formado por neuronas, en realidad están diciendo una pequeña mentira: también está formado por otros tipos de células cerebrales, como las células gliales. El cerebro tiene casi 10 veces más células gliales que neuronas. El término célula glial es un término amplio que agrupa una serie de células especializadas. Por ejemplo, las células microgliales actúan como el sistema inmunitario de nuestro cerebro, ya que nuestras células inmunitarias y anticuerpos normales serían demasiado destructivos si se dejaran sueltos en el cerebro. Las células gliales también se convierten en un tipo de célula especializada llamada astrocito. Alrededor del 25-50% de nuestro cerebro está formado por astrocitos, lo que significa que tenemos hasta cinco veces más astrocitos que de neuronas. Los astrocitos son células que dan soporte a las neuronas y flotan a su alrededor para ayudar en todo lo que puedan. También hacen muchas cosas por sí mismas, como crear y unir la estructura interna del cerebro, absorber y liberar neurotransmisores al igual que lo hace la sinapsis y promover la formación de una barrera llamada barrera hematoencefálica. Otras tipos de células son las células ependimarias, que crean el líquido cefalorraquídeo (LCR) que protege el cerebro y elimina los productos de deshecho, o los oligodendrocitos, que son las células que recubren el axón de una neurona con mielina para ayudarla a transmitir mejor las señales nerviosas. Por ahora no necesitas saber demasiado sobre ellas. Lo repasaremos más adelante, pero esto te da una buena idea de que hay mucho más que la típica célula cerebral formando parte de ese cerebro tuyo.

La barrera hematoencefálica

Si lees sobre el cerebro a menudo verás que la gente habla de la barrera hematoencefálica, o BHE. Simplificando mucho, la sangre de nuestro cuerpo es el sistema de transporte para todo. Los vasos sanguíneos actúan como el sistema de carreteras como por el que conducimos cada día. Al igual que las carreteras, nuestra sangre transporta todo tipo de tráfico, como coches (glóbulos rojos), servicios de emergencia (las células inmunitarias), camiones con comida (partículas de alimentos, grasas, proteínas, azúcares, etc.) y criminales a la fuga (bacterias, virus). El cerebro es demasiado importante como para participar en toda esta acción, por lo que existe una barrera entre el suministro de sangre para el resto de nuestro cuerpo y el específico para el cerebro. El oxígeno, la glucosa y los glóbulos rojos atraviesan la barrera con facilidad, mientras que las bacterias, las células inmunitarias y casi todo lo demás, no puede pasar a través de la barrera hematoencefálica (aunque hay veces que sí la atraviesan y esto es una mala noticia para nuestra salud). La BHE es un obstáculo que nosotros, como científicos, tenemos que superar (literalmente) cuando queremos crear medicamentos dirigidos al tratamiento del cerebro. Tan buena como es protegiendo el cerebro, la BHE también causa trabas para hacer llegar los medicamentos más allá de la barrera.

Sustancia blanca y gris

Todas las células mencionadas anteriormente se agrupan de manera general en sustancia blanca o gris. Se denominan así porque existe una sutil diferencia de tonalidad entre ellas, una parece más grisácea que la otra. La sustancia blanca se encuentra dentro de la médula espinal y en los niveles más profundos del cerebro. Está formada por los largos axones de las neuronas y su color blanco proviene de una sustancia grasa que recubre los axones llamada mielina cuya función es ayudar a aislar las células cerebrales. La sustancia blanca también contiene gran cantidad de astrocitos.

La sustancia gris se encuentra principalmente en las capas más externas del cerebro y en el cerebelo. Contiene los cuerpos celulares de las neuronas, las dendritas, muchas células gliales y unos vasos sanguíneos muy finos llamados capilares. La sustancia gris es el centro de control de las neuronas y es de donde procede todo el poder mental inteligente. La sustancia blanca y la gris se pueden diferenciar por las regiones del cerebro y la médula espinal en las que se encuentran, aunque hay cierto solapamiento, lo que significa que puede haber pequeños y traviesos cuerpos celulares y células gliales incluso en las áreas de materia blanca.

De esto está hecho nuestro cerebro. Ahora ya lo sabes. Ten esto en cuenta cuando alguien te diga que el cerebro es un músculo – puedes decirles que están muy equivocados y explicarles lo que realmente es el cerebro.

LAS DIFERENTES REGIONES DEL CEREBRO

Todas estas estructuras y células que acabamos de conocer están organizadas de forma muy sofisticada. A nuestro cerebro le encanta la organización, lo que conlleva un estilo de intrincada compartimentación que ha tardado millones de años en desarrollarse. Esto significa que aunque el cerebro funciona en general como un órgano único, una sola unidad, hay regiones (llamadas lóbulos) que están especializadas en tareas específicas. El cerebro se compone de cuatro lóbulos principales (más la ínsula y el sistema límbico). Cada uno de ellos tiene sus propias tareas que hacer antes de conectarse con las otras regiones para compartir responsabilidades extra. Aunque pueden dividirse todavía en regiones más pequeñas (unas 180), estos cuatro lóbulos te dan una buena idea de cómo está organizado tu cerebro.

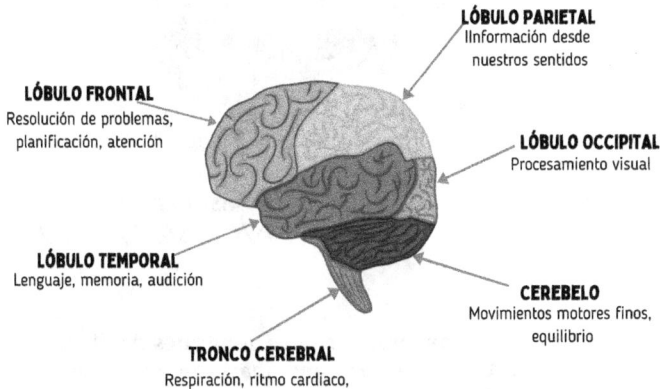

LÓBULO PARIETAL
lInformación desde nuestros sentidos

LÓBULO FRONTAL
Resolución de problemas, planificación, atención

LÓBULO OCCIPITAL
Procesamiento visual

LÓBULO TEMPORAL
Lenguaje, memoria, audición

CEREBELO
Movimientos motores finos, equilibrio

TRONCO CEREBRAL
Respiración, ritmo cardiaco,

Los lóbulos típicos del cerebro. No te preocupes demasiado por ellos por ahora, ya hablaremos de ellos más adelante.

A lo largo de este libro, vas a encontrar algunas «palabrejas científicas» para describir las diferentes áreas del cerebro. En la mayoría de los casos se han simplificado para que te quedes con lo importante y no te atasques con todos los términos científicos. Sin embargo, a veces no hay más remedio – he tenido que utilizarlas. Pero no temas, porque si alguna vez olvidas lo que significan, hay un útil glosario al final del libro que puedes consultar siempre que lo necesites. También puedes ignorar la palabra y pretender como si no existiera – cualquiera de las dos opciones es buena.

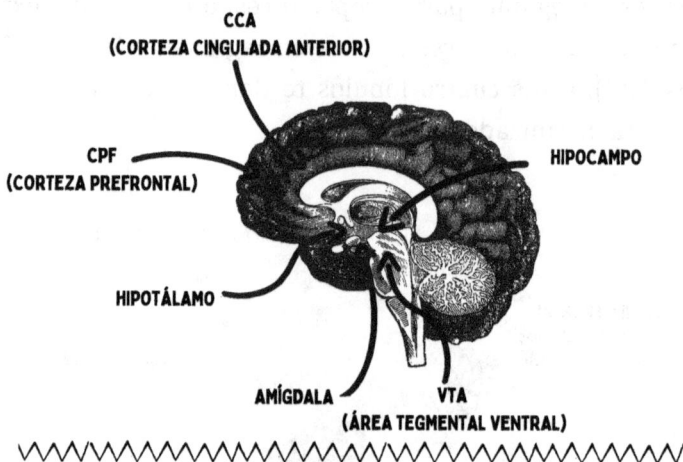

Aquí tienes una guía de las localizaciones generales de algunas de las áreas más importantes del cerebro que aparecen a lo largo del libro. Pero no te preocupes que no es necesario que sepas lo que significan estas palabras si no quieres ir más allá. Están aquí por si te apetece consultarlas en algún momento, para ayudarte a visualizar dónde es que ocurren las cosas en el cerebro.

CÓMO ESTÁ TODO CONECTADO

A menudo, en neurociencia nos centramos en una parte del cerebro o en un neurotransmisor en concreto. Lo hacemos así porque esa parte o ese neurotransmisor tiene un papel esencial en algo que hace el cerebro, pero en realidad nunca actúan por sí solos. El cerebro está conectado a diferentes regiones mediante billones de conexiones hasta crear un sistema increíblemente complejo que aún no estamos ni siquiera cerca de comprender. A lo largo del libro hablaremos sobre estas conexiones. En pocas palabras, una conexión se refiere a la forma en que las neuronas hablan entre sí. No se limitan a enviar un mensaje a una neurona y luego se desconectan por la noche. Hablan con miles de otras neuronas, que a su vez hablan con otras miles, lo que crea una red de conexiones. Lo que la neurociencia está empezando a hacernos entender es que nuestro cerebro funciona de la manera en que lo hace no solo por las diferencias entre las regiones del cerebro, sino también por la manera en que el cerebro está conectado con otras áreas. Como descubrirás en este libro, nuestro cerebro es único en cada persona y se deferencia por la forma en la que se conecta con otras regiones. No hay dos cerebros iguales, porque como sea que funciona, es así únicamente para ti.

En cualquier momento, hay literalmente miles de millones de células cerebrales hablando entre sí. Si tenemos en cuenta que el procesamiento visual ocupa alrededor del 65% de toda la actividad cerebral, piensa en cuántas células cerebrales están trabajando juntas ahora mismo mientras estás leyendo esta frase. Qué mejor momento para leer un poco más. ¡Vamos!

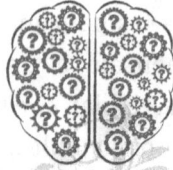

CAPÍTULO 1

PREGÚNTALE A UN NEUROCIENTÍFICO

¿POR QUÉ EL CEREBRO ESTÁ EN LA CABEZA Y NO EN OTRA PARTE?

En la naturaleza parece ser razonablemente consistente que el cerebro se encuentre en la cabeza (aunque no siempre es así). ¿Por qué nuestro cerebro no está en otra parte de nuestro cuerpo? Para ser justos, hay quien sugiere que el cerebro del hombre está en otra parte, pero no creo que la neurociencia lo respalde del todo. ¿No estaría el cerebro más seguro si estuviera protegido por nuestra caja torácica o lejos de cualquier peligro en la pierna o el pie? Tan horripilante como nos pueda parecer esa imagen, la respuesta es relativamente sencilla.

En primer lugar, pensemos sobre la cabeza y los órganos que se encuentran en ella. El cerebro depende de las señales sensoriales, información que proviene de nuestros sentidos sobre lo que vemos, olemos, oímos, saboreamos o tocamos. La vista representa casi el 65% de toda la capacidad cerebral, por lo que tiene sentido que los ojos se encuentren lo más cerca posible del cerebro. Si el cerebro se alejase de nuestros sentidos primarios, se produciría un pequeño, pero significativo, retraso en la recepción de la información. Un retraso de solo unos milisegundos (una milésima de segundo) podría haber significado históricamente la diferencia entre la vida y la muerte. El cerebro quiere todo el cotilleo sobre lo que ocurre a su alrededor, y le gusta ser el centro de todo, así que cuanto más rápido se le comunique la información, mejor se va a sentir.

Pero, espera, ¿no podrían los sentidos organizarse alrededor del cerebro, dondequiera que estuviera colocado? A lo largo de millones de años de evolución desde nuestros ancestros acuáticos hasta los humanos, el cerebro acabó en nuestra cabeza, en la parte superior de nuestro cuerpo. Si pensamos en los peces, los mamíferos o los insectos, la cabeza suele ser la región con la que el animal se enfrenta por primera vez con el mundo que le rodea cuando se mueve por su entorno. Sería una gran ventaja que nuestros sentidos llegaran al entorno que nos rodea para interpretar el mundo antes de proceder. Recibir la información rápidamente nos mantendría a salvo de los depredadores y nos daría una ventaja a la hora de buscar presas. Como humanos, nuestro cerebro, y por lo tanto nuestros sentidos, se posan en lo alto de nuestro entorno para proporcionarnos la mejor vista de todo lo que nos rodea; y recuerda que, aunque el cerebro está un poco expuesto de esta manera, está protegido por más de medio centímetro de duro cráneo, el material más resistente que el cuerpo puede producir. Por lo tanto, debería estar bien a salvo.

¿CUÁL ES LA PARTE MÁS ANTIGUA DE NUESTRO CEREBRO Y QUÉ ES LO QUE HACE?

Cuando pensamos en cómo ha evolucionado el cerebro, a menudo se explica como una especie de modelo de tres cerebros. Un cerebro es nuestro cerebro de reptil, otro es nuestro cerebro emocional, y luego está nuestro cerebro superior, el genio, que es nuestro neocórtex, al que me gusta llamar Raúl. Pero hasta qué punto es cierto todo esto, y ¿por qué tengo un cerebro de reptil al lado de Raúl?

Esta conceptualización del cerebro proviene de un neurocientífico llamado Paul MacLean, que en 1990 detalló al completo en su teoría del cerebro triuno.[1] Afirmó que el cerebro primitivo evolucionó a partir de los peces y posteriormente de los reptiles. En dicha etapa, solo contenía los ganglios basales para desarrollar finalmente, el tronco cerebral y el cerebelo. Estas partes conforman el cerebro más antiguo, a menudo denominado como cerebro reptiliano. Es responsable de las funciones más primitivas de la vida – cosas como la sed y el hambre, el impulso sexual, el impulso de proteger nuestro territorio, la agresividad, el ritmo cardíaco, la respiración y la temperatura corporal.

Hay innumerables libros, artículos, memes y comentarios sobre cómo este cerebro reptiliano rige nuestra vida y cómo debemos controlarlo para mejorar nuestro comportamiento. Se detalla cómo evitar que actuemos con agresividad o comportamiento impulsivo. Hay algo de verdad en todo esto, pero en general, no es así como funciona el cerebro. Como estamos a punto de descubrir, ese punto de vista es un poco anticuado. Sí, el cerebro reptiliano habría sido el primer «tipo» de cerebro en desarrollarse (al menos en términos de lo que ahora pensamos que es un cerebro). Estas funciones básicas, como la sed y el hambre, nos habrían mantenido con vida tal y como lo siguen haciendo hoy en día. Sin embargo, a lo largo de la evolución otras partes del cerebro se han formado a su alrededor, como una especie de extensión de este cerebro de reptil primigenio. Esto se diferencia de la idea de que tenemos otros cerebros adicionales, más inteligentes, simplemente colocados por encima como bloques de construcción. El cerebro más primitivo creció, evolucionó y fue desarrollando un poder de procesamiento superior, en lugar de formar una estructura con cerebros separados que se añadieron posteriormente. La prueba de esto nos la da lo bien que funciona el cerebro, como una única estructura completa, con todas sus partes perfectamente integradas como un solo cerebro.

La primera extensión del cerebro en desarrollarse habría sido el mesencéfalo (cerebro medio) y el sistema límbico,[a] que sustentan las emociones, la motivación y la memoria a largo plazo, entre otras cosas. Estas dos áreas habrían sido críticas a lo largo de nuestra evolución mientras aprendíamos a establecer relaciones sociales, a construir civilizaciones y comunidades, ayudándonos a convivir con otros individuos y comprender el mundo que nos rodea.

Con el paso del tiempo, desarrollamos el neocórtex. Esta es la parte exterior de nuestro cerebro, con todos esos

---

[a] El término sistema límbico en sí mismo es muy debatido en la neurociencia porque nadie puede decidir qué partes deben incluirse, pero por el momento, lo llamaremos sistema límbico, y no nos preocuparemos demasiado por ello.

pliegues corticales (giros y surcos) que puede que hayas visto en las imágenes del cerebro. Esos pliegues cerebrales ayudan a dar forma al cerebro de manera que aumenta su superficie, lo que permite condensar más neuronas en cada zona y mejorar nuestros procesos cognitivos y la conectividad, haciéndonos más inteligentes. El neocórtex es responsable de muchas cosas, como nuestros pensamientos conscientes, la planificación y la capacidad de razonamiento, que elevan el cerebro humano por encima de los de otros animales. Por eso se suele decir que nuestro neocórtex puede anular nuestros instintos y emociones más básicos. Piensa en el neocórtex como si fuera un amigo pesado, que siempre cree que tiene la razón (y normalmente la tiene) y que intenta que respires hondo, te relajes y pienses las cosas antes de lanzarte con tu primera reacción. En realidad, aunque ese amigo pesado tiene la última palabra, cada región de nuestro cerebro está bien conectada con las áreas que la rodean – lo que significa que no hay un cerebro primitivo que dé instrucciones, sino que solo inicia el pensamiento antes de que sea integrado rápidamente por todo el cerebro.

Durante muchos años, los científicos pensaron que este neocórtex distinguía a los seres humanos como la especie «dominante» porque nuestro neocórtex es en donde se encuentran las áreas super inteligentes de nuestro cerebro.

Los neurocientíficos solían creer que un gran neocórtex era la fuente de nuestra inteligencia y era el responsable de los humanos como somos hoy en día. En realidad, lo que hemos observado es que otros mamíferos también tienen un neocórtex. Incluso el tamaño del cerebro no es de los más grandes en los humanos, por lo menos no lo es si se compara con el cerebro de un mamífero como una ballena.

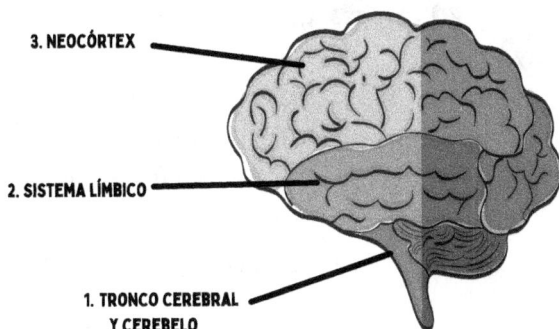

3. NEOCÓRTEX

2. SISTEMA LÍMBICO

1. TRONCO CEREBRAL
Y CEREBELO

El cerebro evolucionó hacia una compleja integración de diferentes regiones.

Lo que distingue a los humanos es la proporción entre el tamaño del cerebro y el peso del cuerpo: los humanos tenemos una relación de 1:50, lo que significa que nuestro cuerpo pesa 50 veces más que nuestro cerebro (unos 1,4 kg o 3 libras). Se trata de una proporción considerable, a lo largo de la evolución hemos dedicado gran parte del total de nuestro peso corporal al cerebro. La mayoría de los mamíferos tienen una proporción de alrededor de 1:180. Así que, en relación con nuestro tamaño, nuestro cerebro es unas cinco veces mayor de lo que cabría esperar. Con la ayuda de los giros cerebrales, es la organización del neocórtex la que explica por qué nuestro cerebro, y especialmente nuestro neocórtex, es tan impresionante.

Para dar un poco de contexto de lo lejos que hemos llegado desde nuestros ancestros acuáticos, el neocórtex de los humanos actuales se ha subdividido en aproximadamente 200 áreas diferentes. Los primeros mamíferos con poco o ningún neocórtex tendrían 20 áreas, quizá menos, y con una organización muy sencilla.

Así pues, volvamos al cerebro reptiliano y a los comportamientos impulsivos y las emociones. En los comienzos de la neurociencia – basándose en la visión de MacLean – se creía que estos cerebros más antiguos actuaban de forma independiente. Por ejemplo, cuando te enfadas, es debido a la parte reptiliana de tu cerebro, pero cuando miras el cosmos y te preguntas por nuestra existencia, es el neocórtex el que está trabajando. Ahora entendemos que esto no es exactamente así. Debido a que nuestro cerebro evolucionó para desarrollar funciones más complejas, y con ello, un mayor tamaño y una forma diferente, todas las partes de nuestro cerebro están conectadas de una manera que no se podía apreciar con los conocimientos de los años 60. Las regiones del cerebro reptiliano sí inician esos pensamientos inmediatos e impulsivos, pero como el cerebro funciona como un órgano bien coordinado, esas emociones sirven para desencadenar un efecto mayor que se transmite por todo el cerebro. Es como girar la llave de contacto para poner en marcha un coche; es cierto que puede arrancar el motor, pero el coche solo se pone en marcha porque todo el coche funciona como un conjunto, incluido el conductor (en esta analogía, el conductor es el neocórtex).

Por ejemplo, la ira es una emoción muy compleja. Depende de nuestra memoria, de las predicciones de un suceso, del contexto y del estrés fisiológico, entre otras cosas. Es demasiado simplista decir «mi cerebro de reptil me obligó a hacerlo». A pesar de todo, el primer modelo de los tres cerebros no es del todo erróneo, ya que es posible anular impulsos básicos como el hambre, la detección de una amenaza y las emociones negativas al poner en práctica más razonamiento y un mayor contexto a la situación. Las áreas cerebrales reptilianas cumplen las mismas funciones primitivas de siempre, pero están demasiado bien conectadas para actuar independientemente. Así que, sí, tenemos partes más antiguas de nuestro cerebro que regulan las funciones básicas de la vida, pero que también han evolucionado para convertirse en un cerebro más moderno.

Realmente, ¿qué le hace el cannabis a mi cerebro? y ¿debería preocuparme?

Todas las drogas son perjudiciales de alguna manera. No solo las que tomamos con fines recreativos, sino también las que se desarrollan en un laboratorio, como las que elaboran los fabricantes de productos farmacéuticos y las que te prescribe tu médico. Las drogas que provienen de las plantas, como el cannabis, tienen una enorme cantidad de componentes químicos y apenas sabemos cómo funcionan muchos de ellos (pero eso es parte de la diversión de la ciencia – siempre hay algo más por descubrir).

El cannabis, en particular el THC (tetrahidrocannabinol, el principal compuesto psicoactivo de la planta Cannabis Sativa), actúa uniéndose a diferentes receptores – los receptores CB1 y CB2. Los receptores CB2 se encuentran en las células inmunitarias y en la microglía, donde pueden reducir las respuestas inflamatorias. Normalmente, cuando hablamos de los efectos del cannabis, nos referimos a lo que ocurre cuando el THC se une a los receptores CB1 en la médula espinal y el cerebro. Es aquí donde los efectos del THC son apreciados por la persona que consume cannabis. Los receptores CB1 también son responsables de aumentar el apetito, por lo que si alguna vez has consumido cannabis y te ha entrado un hambre voraz, puedes culpar a este pequeño receptor CB1. Curiosamente, cuando bloqueas el CB1, no sientes hambre aunque consumas cannabis. Este mecanismo se ha aprovechado para desarrollar el medicamento rimonabant para ayudar a combatir la obesidad.

Volvamos a la pregunta inicial y a lo que nos dice la investigación. En general, ¿es bueno, malo o un punto intermedio? La respuesta es en realidad un punto intermedio. Se han realizado una gran cantidad de investigaciones sobre el cannabis y cómo afecta a nuestro cerebro, pero el problema es que puede ser difícil comparar los resultados de los distintos estudios entre sí. Los estudios utilizan diferentes grupos de edad, tipos o números de personas. Algunos participantes habrían consumido drogas anteriormente y otros no habían tocado ninguna en su vida. Esto significa que es más difícil obtener una respuesta concreta y, naturalmente, cada científico piensa que los resultados de su investigación son los correctos. Por eso, la respuesta puede ser un poco confusa, dependiendo de cómo se mire. Sin embargo, lo que sí está generalmente aceptado es que fumar cannabis a una edad temprana es algo perjudicial. Disminuye la capacidad de aprendizaje y memoria del cerebro y se correlaciona con la posibilidad de desarrollar síntomas de psicosis (un alejamiento de la realidad), como alucinaciones y delirios, en la vida adulta.[2] Dicho esto, hay cierto debate incluso en este sentido, sobre todo en torno a si las personas desarrollan síntomas y luego deciden automedicarse con cannabis, o si el cannabis conduce directamente a la psicosis.

Esta relación entre el cannabis y psicosis no se debe únicamente a la edad, ya que también existe un componente genético, lo que significa que tu ADN puede hacerte más susceptible a experimentar síntomas graves a causa del cannabis. Dado que el cannabis, y toda droga de la que se abuse, actúa sobre el sistema dopaminérgico, las personas con una alteración genética de uno de los receptores de la dopamina tienen cinco veces más probabilidades de desarrollar psicosis.[3] Aunque no se entiende del todo bien, las vías dopaminérgicas en el cerebro (las vías mesolímbicas y mesocorticales, para aquellos que estén interesados) son responsables de muchos de los síntomas experimentados durante la esquizofrenia, incluyendo las alucinaciones. Sin querer romper con la tradición de los resultados contradictorios, sigue habiendo un debate en curso sobre la cantidad de dopamina que se libera en el cerebro cuando se consume cannabis, y su grado de influencia sobre los síntomas.

Los efectos del consumo de cannabis no terminan ahí. Los científicos han demostrado lo mucho que tiene que trabajar el cerebro para mantener los niveles de atención normales mientras alguien está consumiendo cannabis (esto puede sonar poco sorprendente). El consumo de cannabis aumenta la actividad en las áreas de atención de nuestro cerebro y reduce la actividad en las áreas de memoria cuando se nos pide que realicemos una tarea.[4] El aumento de la actividad cerebral podría parecer algo bueno, pero demuestra el grado de estrés que el cannabis ejerce sobre el cerebro. Éste tiene que trabajar más para mantener el mismo nivel de concentración (de partida menos de lo normal) en comparación con una persona que no está bajo la influencia de drogas.

TAL VEZ EL CANNABIS SEA UN TEMA DELICADO, PERO EL CANNABIDIOL ES BUENO PARA MÍ, ¿NO?

El cannabis sí tiene efectos beneficiosos, hablando estrictamente desde el punto de vista de la neurociencia, por supuesto, ejem, ejem. Desde los años setenta y ochenta, los científicos han insistido en que el cannabis podría utilizarse para ayudar a las personas que sufren ansiedad y depresión, además de varios tipos de dolor. Hoy en día se sabe que muchos de los beneficios son el resultado del cannabidiol, componente activo que se encuentra en la planta de cannabis.

El cannabidiol, o CBD, constituye aproximadamente el 20-40% de los extractos de cannabis, y se asocia a muchos de sus beneficios, como efectos antiinflamatorios, la mejora del sueño y limitar la gravedad de las convulsiones.[5] Numerosos estudios y ensayos clínicos también han demostrado lo útil que puede ser el CBD para las personas que sufren diferentes tipos de dolor. Se ha demostrado que las lesiones nerviosas que causan dolor (dolor neuropático), el dolor a causa de un cáncer e incluso el dolor asociado a los trastornos neurológicos (por ejemplo, la esclerosis múltiple, que se caracteriza por la inflamación del cerebro) se reducen cuando se utiliza CBD.

Una de las grandes áreas en las que el CBD ha demostrado un efecto beneficioso es en la regulación del estado de ánimo en los trastornos emocionales. El CBD puede reducir la ansiedad al alterar las señales entre los centros cerebrales del miedo y la lógica (señales que van desde la amígdala a la CPF y a la CCA). Cuando el CBD llega al cerebro, actúa un poco como el maestro que le dice a los niños traviesos que dejen de hablar. Estas áreas cerebrales ahora tienen que limitar su conversación, el centro del miedo entra en silencio y las áreas relacionadas con la lógica toman el control. Esto provoca una alteración en la forma en que el cerebro interpreta el miedo, restándole importancia, pasando de ser un evento grave a un acontecimiento intimidante pero controlable. Estudios recientes han demostrado que el CBD también podría ser beneficioso para el trastorno de ansiedad social.[6] Dado que el CBD parece silenciar las partes relacionadas con las emociones de nuestro cerebro, en particular nuestra propia percepción de cómo nos comportamos, en situaciones de estrés como hablar en público, a nuestro cerebro le molesta menos lo que podría pensar la audiencia y, por tanto, experimentar menores niveles de ansiedad.[7]

Esto es significativo cuando también consideramos el posible uso del CBD en personas que sufren comportamientos relacionados con el miedo patológico, como el trastorno de estrés postraumático (TEPT). El efecto de compuestos como el CBD es tan impresionante que el cuerpo produce su propia versión, llamada anandamida. Ésta es liberada por nuestras células cerebrales para amortiguar otro tipo de señales cerebrales. Al observar el cerebro de personas que sufren de TEPT, vemos que tienen menos anandamida, lo que significa que existe la posibilidad de una mayor activación de las vías del estrés y el miedo porque el cerebro no puede limitar esos mensajes. Por eso, en pequeñas dosis, el cannabis puede a veces mejorar los síntomas del TEPT.

Es cierto que la ciencia detrás de algunos de los escenarios específicos por los que el cannabis puede afectar directamente al cerebro no es del todo conocida. En general, su consumición bajo supervisión médica en adultos tiene varios efectos positivos sobre el cerebro, y puede ayudar a las personas que no encuentran ningún alivio en otras terapias.

¿POR QUÉ PARECE QUE CONGENIAMOS CON ALGUNAS PERSONAS Y NOS CONVERTIMOS EN AMIGOS AL INSTANTE?

¿Has conocido alguna vez a una persona por primera vez y entablado una conversación como si os conocierais de toda la vida? ¿No? ¡Yo tampoco! Pero eso le sucede a algunos de los más sociable entre nosotros. Teniendo en cuenta toda la gente con la que interactuamos a diario, ya sea en el trabajo, en la escuela o simplemente fuera de casa, a veces conocemos a alguien y simplemente hacemos clic. La conversación fluye con naturalidad, ambos están interesados en las mismas cosas y casi pueden predecir lo que el otro va a decir.

La psicología social puede explicar en gran parte este hecho. Se produce a partir de una combinación de cosas como nuestro lenguaje corporal, las expresiones faciales, el contacto visual y, por supuesto, un interés general en la otra persona. Todo esto tiene sentido, pero los neurocientíficos nunca habían podido observar que esto ocurra en el cerebro. ¡Hasta ahora!

Hace unos años, un equipo de investigación dirigido por el neurocientífico Miguel Nicolelis consiguió observar el cerebro mientras se producía esta conexión social y reveló lo que realmente ocurre a nivel cerebral.[8] Resulta que nuestro cerebro cambia su actividad de tal manera que crea ondas cerebrales que se acoplan con el cerebro de la otra persona. Este efecto se llama acoplamiento. Nuestro cerebro se sincroniza con el de otras personas en determinadas situaciones sociales, lo que explica por qué congeniamos mejor con algunas personas que con otras. Cuando se produce esta sincronización entre dos personas, un vistazo al interior de sus cabezas revelaría un cerebro que imita de forma experta las conductas sociales, como el lenguaje corporal y las expresiones faciales, creando patrones similares de señales cerebrales. Esto haría que la conversación y la interacción fuesen mucho más agradables, siempre y cuando ya tuvieras un interés sano en la otra persona.

La próxima vez que la gente diga que está en la misma frecuencia que tú, ¡puede que tengan razón!

El equipo de investigación que estudia esta sincronización cerebral tiene previsto observar a equipos deportivos, músicos, audiencias y otros grupos que realicen la misma tarea para ver cómo la sincronización de todos los cerebros ayuda a las personas a trabajar juntas en una experiencia compartida.

¿CÓMO PUEDES CREAR ESTA SINCRONIZACIÓN CON ALGUIEN?

El cerebro se sincroniza con el de los demás basándose en interacciones sociales como el lenguaje corporal, y las resonancias magnéticas revelan lo importante que es el contacto visual para ayudar a nuestros cerebros a sincronizarse. El contacto visual genera un nivel de activación cerebral mucho más fuerte que casi cualquier otra interacción social.[9] Sabemos que esto es así porque el mero hecho de mirar una imagen de un ojo no estimula el cerebro de la misma manera – realmente necesita el elemento social.

La sincronización también puede producirse de muchas otras formas como es de esperar. La simple comunicación verbal, como tener una conversación interesante, dará lugar a un nivel de sincronización cerebral con la persona con la que se está hablando. El cerebro se sincronizará al observar la comunicación no verbal, como la expresión facial y los gestos con las manos, aunque la otra persona debe compartir una respuesta emocional similar a lo que dices (tiene que importarle lo que estás diciendo). La sincronización se pierde cuando la otra persona habla un idioma que no entiendes.

HE OÍDO QUE LAS NEURONAS ESPEJO PUEDEN AYUDAR EN LAS SITUACIONES SOCIALES, PERO ¿QUÉ SON?

El efecto de acoplamiento entre dos cerebros aún se está investigando, y es probable que esté relacionado con cómo trabajan nuestras neuronas espejo. Las neuronas espejo han pasado su tiempo en la neurociencia como algo parecido al ratoncito Pérez. Hay pruebas de su existencia (aunque no hay dinero del ratoncito Pérez, por desgracia) pero durante mucho tiempo, los científicos dudaron de su existencia, e incluso hoy en día, todavía se debate sobre cual es su verdadero papel.

Las neuronas espejo se descubrieron por primera vez en 1992, cuando un grupo de investigadores italianos comprobaron que el cerebro de un mono macaco se activaba, en la corteza premotora, cuando realizaba una tarea motora, como agarrar un objeto o comer un alimento.[10] Suena un poco obvio, pero hay más. Lo sorprendente fue que la misma zona del cerebro se activaba simplemente al ver a otro mono agarrar ese mismo objeto. Es casi como si el cerebro estuviera ejecutando la tarea a través de alguna conexión psíquica (no era así). El término neuronas espejo se introdujo para describir las neuronas que se volvían más activas al observar una tarea en lugar de al ejecutar la tarea una mismo. Los neurocientíficos se apresuraron en sugerir que estas neuronas espejo serían necesarias para aprender a hacer algo observando cómo lo hacen otros. Poco después comenzó la búsqueda de estas misteriosas neuronas espejo en los seres humanos.

Durante un tiempo, muchos científicos no creían de su existencia en humanos y que como especie habíamos evolucionado más allá de la etapa en la que las necesitábamos (probablemente un poco arrogante por nuestra parte). Con el tiempo, se empezó a observar la actividad cerebral de las personas que veían a otras realizar una tarea. Los escáneres de resonancia magnética funcional (RMf) revelaron que los humanos tenían las mismas neuronas espejo encontradas en los monos, pero la búsqueda no se detuvo ahí. Desde entonces, se han descubierto en muchos lugares, como el cerebelo (habilidades motoras precisas), la corteza visual (ver cosas) y el sistema límbico (emociones).[11]

Entonces, ¿por qué las vemos en varias áreas del cerebro? Aunque algunos científicos aún no están convencidos, muchos, entre los que me incluyo, creen que participan en la observación de las expresiones faciales y las emociones de otras personas, para transmitir empatía y otros comportamientos sociales. Es probable que intervengan en el modo en que nuestro cerebro se sincroniza con los demás durante las interacciones sociales, sobre todo al reflejar emociones positivas como la sonrisa y la risa, lo que permite una mejor conexión social. Esta característica explicaría cómo hacemos clic con otras personas y la facilidad con la que sincronizamos nuestra actividad cerebral. Si las neuronas espejo de ambos cerebros son conscientes de los numerosos niveles de comunicación no verbal, como el contacto visual, habrá una mayor probabilidad de que los cerebros experimenten el efecto de acoplamiento, y de que tengamos un mejor amigo para toda la vida.

La implicación de las neuronas espejo en las respuestas emocionales llevó a algunos a especular que el autismo, en el que una persona tiene dificultades para relacionarse con los demás, puede ser el resultado de unas neuronas espejo dañadas o poco desarrolladas.[12] Supongamos que una persona no puede interpretar las expresiones faciales y los comportamientos sociales de los demás. En ese caso, no deberíamos esperar que el cerebro sepa formular sus propios comportamientos sociales, pero necesitamos más estudios para entenderlo un poco mejor.

Todavía no hemos visto una neurona espejo de cerca. Por lo general, nos basamos en escáneres cerebrales como los de la resonancia magnética para identificarlas, pero quedan todavía muchas preguntas sin respuesta. ¿Se diferencian de alguna manera de otras neuronas en su forma, conexiones o receptores? ¿Son neuronas normales que también funcionan como neuronas espejo? ¿Cuándo se desarrollan? Y ¿Las perdemos con la edad? El misterio continúa.

¿Influye el aprender idiomas en otras funciones cerebrales y en la memoria?

Aquellos de vosotros que hayan luchado por abrirse paso a través de la aparentemente interminable serie de nuevas palabras y reglas gramaticales para aprender un nuevo idioma, pueden dar fe de lo mucho que tiene que trabajar el cerebro para recordarlo todo. Resulta que, como el cerebro está trabajando horas extras para aprender un idioma extranjero, necesita mejorar sus conexiones entre regiones cerebrales y empieza a crear células cerebrales adicionales solo para seguir el ritmo de este nuevo mundo al que le has lanzado.

Utilizar un lenguaje es un proceso muy complejo que implica formular frases, entender el significado y el contexto, leer, escribir, conocer las reglas gramaticales y escuchar los sonidos, y el cerebro organiza todos estos procesos en una conversación fluida para cuando la necesitemos. Hay áreas dedicadas al lenguaje, como el área de Broca, que se encarga del habla y que las estructuras de las frases tengan sentido para que nos comuniquemos con eficacia. El área de Wernicke es una región importante para entender el significado de cada palabra, y el giro angular nos ayuda a captar los conceptos que hay detrás de las propias palabras. Estas áreas están repartidas por la parte central del cerebro y trabajan con muchas otras para permitirnos hablar libremente y expresar nuestros pensamientos internos.

Curiosamente, varias regiones del cerebro se encuentran alteradas en las personas que pueden hablar otro idioma. Las áreas del lóbulo frontal, detrás de la frente (como la CPF y la CCA), y una área llamada giro supramarginal desempeñan un papel importante en el lenguaje. Estas áreas relacionan las palabras con su significado y su contexto. Los centros del lenguaje se conectan con las regiones de la memoria para elegir las posibles palabras, pero es el lóbulo frontal el que las comprueba, asegurándose de que encajan con la idea que se quiere transmitir. Como alguien que está intentando aprender otros idiomas (énfasis en lo de intentar), a menudo me encuentro pensando intensamente en lo que me gustaría decir. Cuando esto ocurre, mi cerebro parece creer que es un buen momento para que me vengan a la cabeza palabras aparentemente aleatorias – lo que hace que tarde en decidir qué decir y probablemente me haga parecer un poco tonto en el proceso. En realidad, es la forma que tiene mi cerebro de tratar de encontrar la palabra correcta en el contexto adecuado para lo que necesito, un proceso que le da a mi cerebro un verdadero entrenamiento intensivo.

La CPF y la CCA trabajan duro en el cerebro cuando se habla una segunda lengua. Controlan continuamente lo que se dice y ayudan a elegir las palabras correctas en el momento adecuado y en el idioma de preferencia. Por eso tiene sentido que los escáneres cerebrales muestran estas áreas ampliadas y con mejor conectividad con las regiones que las rodean en quienes hablan más de un idioma. Las resonancias magnéticas revelan que los cerebros bilingües (los que hablan dos idiomas) tienen más materia gris y blanca, lo cual es una forma elegante de decir que el cerebro tiene más neuronas. Trabajan mucho, por lo que necesitan un apoyo extra. El cerebro intenta emparejar estas nuevas palabras con nuevos significados, con lo que necesita un mayor número de neuronas y conexiones (recordemos que estas conexiones son sinapsis que se dirigen a otras neuronas para ayudar al cerebro a formar recuerdos y asociaciones).

Lo que todo esto significa es que los cerebros de las personas bilingües son un poco diferentes, y esto también se nota cuando se les pide que realicen tareas cognitivas. Las personas que hablan una segunda lengua suelen tener mejores resultados en funciones cognitivas complejas, como el cambio de tareas (básicamente, esto es lo que consideramos como multitarea), y parecen tener mejores habilidades sociales y empatía hacia los demás.[13] Lo más probable es que esto se deba a que ponerse en una situación de vulnerabilidad para aprender un nuevo idioma ayuda a apreciar las dificultades que conlleva dominar una habilidad. También es probable que esté relacionado con la idea de que, al exponerse a nuevas culturas y tradiciones, ayuda a desarrollar una mejor percepción, empatía y habilidades sociales. Aún no se ha demostrado si aprender más de dos idiomas tiene un impacto todavía mayor, pero no sería sorprendente ver mejoras adicionales en quienes aprenden varios idiomas.

EL LENGUAJE Y LA EDAD

Durante mucho tiempo, se consideraba muy poco probable que una persona aprendiera un idioma en la edad adulta o, al menos, que llegara a dominarlo. En general, era aceptado que debía aprenderse a una edad temprana, cuando el cerebro aún se está desarrollando (aunque el cerebro sigue desarrollándose hasta tus veintitantos). Ahora sabemos que eso no es cierto y que uno puede ser un excelente estudiante de idiomas, o de cualquier otra cosa, a cualquier edad. La ventaja de aprender de niño es que tienes un entorno inmersivo y una familia que te anima a aprender cada día. Incluso el estudiante adulto más dedicado encontraría un poco intensa la inmersión total en un nuevo idioma. Pero lo cierto es que nuestro cerebro es capaz de seguir aprendiendo incluso cuando ya es un cerebro adulto completamente desarrollado.

Puede que merezca la pena aprender un idioma en la edad adulta, si no es por las experiencias que pueda aportar, entonces por su capacidad para ralentizar el envejecimiento del cerebro y frenar deterioros como el caso del Alzheimer. Cuando este tipo de neurodegeneración se produce en personas bilingües, las neuronas se dañan y pierden algunas funciones como en cualquier otro cerebro, pero los síntomas (cosas como el olvido) son mucho menos graves. Se ha calculado que el aprendizaje de otros idiomas puede retrasar algunos de los síntomas neurodegenerativos al menos en cinco años.[14] Es más, los idiomas también pueden ayudar a las personas a conseguir una mejor recuperación después de sufrir un ictus, especialmente en los niveles de atención y memoria.[15] Probablemente, los síntomas son menos graves porque el cerebro tiene más tejido neuronal (y conexiones) en las regiones de la memoria del lóbulo temporal, y así el cerebro puede preservar más funciones cuando se produce un daño.

Si alguna vez necesitaste una razón para aprender un nuevo idioma, ahora ya tienes una. Let's go!

¿Por qué nos volvemos adictos a las cosas?

¿Qué es la adicción? Cuando los científicos hablan de adicción, generalmente se refieren a la definición de alguien que busca y toma drogas de forma compulsiva,[a] sin tener en cuenta las consecuencias negativas que se deriven de ello. Se trata de un trastorno prolongado que está fuertemente influenciado por nuestras emociones y experiencias, lo que puede dar lugar a una condición muy grave. Los procesos que conducen a la adicción y, en última instancia, a la tolerancia (en la que el cuerpo se acostumbra a las drogas) son extremadamente complejos, pero las siguientes páginas ofrecerán una buena visión general de algunas de las principales cosas que ocurren. Es importante recordar que la adicción involucra a muchas partes diferentes de nuestro cerebro, factores sociales y hábitos de vida.

Desde el punto de vista del cerebro, como seres humanos necesitamos ciertas cosas para seguir adelante, como comida, agua, un compañero y seguridad. Cuando conseguimos esas cosas, nuestro cerebro puede reforzar estos comportamientos liberando dopamina para hacernos sentir bien. En cierto modo, nos seduce haciéndonos sentir muy bien cuando conseguimos algo que es esencial, y como nos gusta sentirnos bien, queremos volver a intentarlo. Algo similar ocurre

---

[a] Podemos ser adictos a casi todo, desde el café, las drogas, la nicotina y el alcohol hasta el juego y las redes sociales. Mientras sintamos que obtenemos algún beneficio de ello, el cerebro querrá más.

cuando encontramos algo único y emocionante, presumiblemente porque encontrar algo nuevo podría sernos útil desde el punto de vista evolutivo. Esta mecánica de satisfacción y segregación de dopamina es lo que los neurocientíficos llaman el sistema de recompensa. Por desgracia, el sistema de recompensa es el mismo que utilizan las drogas, lo que a largo plazo puede conducir hacia una adicción.

DOPAMINA

Es posible que hayas oído hablar antes de la dopamina, a menudo también llamada la sustancia química del «placer». Cuando tomamos drogas de las que se puede abusar (cocaína, opiáceos, alcohol, nicotina, anfetaminas, etc.) se libera dopamina desde unas neuronas específicas del cerebro, lo que nos hace sentirnos bien, eufóricos y, por último, nos motiva a hacerlo de nuevo. Este comportamiento se produce porque nuestro cerebro toma sus decisiones basándose en experiencias pasadas y en cómo nos hacían sentir. Cuando el cerebro piensa en volver a consumir drogas «recreativas», está a su vez hablando con otras partes del cerebro en las áreas de memoria, emociones y de predicción.

Aunque entendemos mucho sobre la adicción, la forma precisa en que la dopamina influye en nuestras emociones no la tenemos perfectamente clara. Lo que sí sabemos es que al cerebro le encanta el hecho de consumir drogas. El consumo de drogas pueden liberar hasta 10 veces más cantidad de dopamina que las recompensas naturales, como la comida. Dato curioso – esto podría no ser cierto en todos los casos, porque en algunas personas la comida puede ser capaz de liberar dopamina en grandes cantidades, lo que lleva a algunos científicos a creer que podría estar implicada en los trastornos de la conducta alimentaria y la obesidad.[16]

Vale, ahora que sabemos lo que hace la dopamina, vamos a ponernos la bata de laboratorio y a hablar de ciencia. Las principales áreas dopaminérgicas del cerebro se encuentran en las estructuras del mesencéfalo (o cerebro medio), justo por encima de las orejas, llamadas área tegmental ventral y sustancia negra, o ATV y SN para abreviar. El ATV proyecta neuronas especialmente largas hacia otras áreas del cerebro, como el núcleo accumbens,[b] una estructura que es crucial en el sistema de recompensa del cerebro. Las drogas estimulan unas neuronas que se encuentran en esta área liberando grandes cantidades de dopamina. Todas las drogas recreativas generan este efecto y aumentan la segregación de dopamina en el cerebro, lo que esencialmente programa a el cerebro para que busque un consumo continuado de drogas.

Piensa en cuando entrenas a un perro. Cuando el perro hace algo que te gusta, como 'sentarse' o 'traerte una cerveza fría', le das un premio para reforzar ese comportamiento. Nuestro cerebro hace lo mismo, salvo que en este caso nosotros somos el perro y la dopamina es nuestro premio.

EL RESTO DEL CEREBRO

Entonces, si tomamos drogas se libera dopamina, ¿y luego qué? La adicción es una combinación de acciones con un objetivo – conseguir más drogas. Tras la señal inicial de

[b] El núcleo accumbens encaja en lo que se denomina la vía mesolímbica (meso = medio, límbica = borde, esto solo describe la ubicación en nuestro cerebro). ¿Has experimentado alguna vez euforia tras consumir drogas? Los escáneres cerebrales nos dicen que esto ocurre porque el circuito de recompensa de la vía mesolímbica está funcionando a toda máquina y está extremadamente activo, creando esa sensación de felicidad.

"buscar drogas", otras partes del cerebro comienzan a involucrarse. La dopamina es esencialmente la puerta a la adicción, pero nuestro cerebro adicto necesita encontrar una forma de cambiar el comportamiento de búsqueda de drogas de voluntario a compulsivo (lo que nos lleva al terreno clásico de la adicción).

Rápidamente el hipocampo y la amígdala son reclutados por el cerebro para este trabajo. Son los grandes coordinadores de la memoria y las emociones y producen sensaciones muy intensas hacia el consumo de drogas que se vuelven extremadamente difíciles de ignorar. Esencialmente, para inducir al cerebro a pensar que las drogas son una buena idea, a estas dos áreas les gusta recordar lo bien que nos sentimos cuando consumimos drogas la última vez, dándole una opinión positiva de 5 estrellas, para que queramos volver a consumirlas. Así es como la dopamina inducida por las drogas crea lo que se llama aprendizaje condicionado, lo que significa que el cerebro aprende que buscar drogas es algo bueno y, con el tiempo, hace que parezca más esencial de lo que realmente es, dando finalmente prioridad a las drogas.

El lóbulo frontal, concretamente la corteza prefrontal (CPF) y la corteza cingulada anterior (CCA), son responsables de gran parte de nuestro control cognitivo y participan en nuestros pensamientos sobre lo buena que será la próxima experiencia con las drogas. Estas áreas, reforzadas por el respaldo del hipocampo y la amígdala, crean una especie de informe sobre por qué es una buena idea tomar más drogas, y lo presentan al gran jefe, la corteza orbitofrontal (COF). Se trata de una pequeña zona situada detrás de los ojos, en la parte delantera del cerebro, que toma las decisiones importantes. La COF tiene la última palabra sobre lo que debemos hacer a continuación, y al combinar todos los mensajes recibidos de otras áreas, toma la decisión de volver a consumir drogas.

A través de todos estos mecanismos, las drogas engañan al cerebro, incluido a la COF, para que tome malas decisiones. La adicción, en términos sencillos, es el aumento de los recuerdos y deseos del cerebro, mientras se reduce la experiencia y el buen juicio de la COF. Las drogas hacen que el cerebro piense que necesita continuamente seguir aumentando el consumo.

La ciencia que subyace en el sistema de recompensa de la dopamina proviene de la excelente investigación de Wolfram Schultz, que observó las señales eléctricas de las neuronas de dopamina en la década de 1990 y descubrió que el cerebro acaba aprendiendo a predecir que se liberará dopamina cuando se ingieren drogas recreativas.[17] Cuando esto ocurre, en última instancia necesitaremos más cantidad de droga la próxima vez que se consuma para producir el mismo subidón de dopamina, de esta la forma el cerebro acaba desarrollando una tolerancia que se incrementa con el consumo continuado.

Al entender los mecanismos de acción de las drogas y cómo ejercen una influencia tan poderosa sobre el cerebro, es fácil ver como cualquiera puede ser vulnerable a generar una adicción (y no solo a las drogas). En cierta manera, no se trata tanto de lo que queramos personalmente, sino de cómo nuestro cerebro nos obliga a dar prioridad a las drogas sobre todo lo demás y nos quita la capacidad de tomar buenas decisiones.

¿PUEDO SER ADICTO A ALGO BUENO?

Ahora que sabemos un poco más sobre el sistema de recompensa, podemos también utilizarlo para nuestro beneficio. Por ejemplo, como el cerebro responde muy bien a las experiencias que son mejores de lo que esperábamos, podemos crear nuestras propias recompensas. Imagínate que ganas 20 euros en la lotería. Te sientes feliz no solo porque tienes ese dinerito extra, sino porque, en realidad, no contabas con ganar. En cierto modo, se siente como una victoria inesperada.

Así que, si necesitas aprender un idioma nuevo (porque ahora sabemos su efecto positivo en el cerebro), date recompensas a lo largo del proceso de aprendizaje. Una caja llena de chuches de la que cojas una al azar, tal vez un trozo de chocolate, un paseo al aire libre o un salto de puénting desde un puente alto. Esto sorprenderá a tu cerebro y mantendrá las cosas más vivas y emocionantes. Si haces un gran esfuerzo, regálate una recompensa que sea aún mejor. Con el tiempo, tu cerebro segregará dopamina solo por pensar en la recompensa, y también te sentirás doblemente bien al comerte ese delicioso chocolate. Sigue así y lo que ocurre después, como nos dice la neurociencia, es que empezarás a sentirte bien no solo por la recompensa, sino por el estímulo que te lleva a la recompensa (estudiar). Literalmente, te sentirás mejor por trabajar duro. Por si te interesa, los científicos también han demostrado que el dinero funciona como recompensa en nuestro cerebro.[18] Esto puede parecer obvio, pero desde un punto de vista evolutivo, fue un hallazgo bastante inesperado.

¿EXISTE LA PERSONALIDAD ADICTIVA?

Es posible que exista una relación entre el consumo adictivo de drogas y nuestro ADN, pero aún no se ha podido demostrar. Los datos nos dicen que la adicción puede, hasta cierto punto, ser heredada; sin embargo, técnicamente, los cambios genéticos que conducen a la adicción no se consideran algo que se transmita de generación en generación. En cambio, es probable que contribuyan a nuestros rasgos individuales de personalidad, que cuando se unen al estilo de vida, pueden fomentar una adicción de forma más predecible.[19] Por ejemplo, es menos probable que la adicción a los alucinógenos esté relacionada con el ADN, en comparación con la cocaína.

Es complicado establecer el grado de influencia del componente genético porque no todos los que consumen drogas se acaban volviendo adictos. Además, el cerebro es susceptible a la influencia de factores genéticos pero también ambientales. En otras palabras, nuestro ADN (herencia genética) codifica nuestras células y les dice cómo actuar, pero también puede hacerlo nuestro estilo de vida (medio ambiente) o la interacción entre ambos. El cuerpo se adapta y pueden producirse cambios incluso después de descodificar las instrucciones del ADN, lo que se denomina como cambios epigenéticos.

Piensa en fumar cigarros. Todos conocemos los riesgos que conlleva fumar, que puede desencadenar un cáncer. Las sustancias químicas del tabaco cambian algunos de los procesos de nuestro cuerpo y aumentan la probabilidad de desarrollar cáncer. Es un ejemplo de la influencia del estilo de vida (factor ambiente) que no está necesariamente programado en nuestro ADN (aunque algunas personas pueden ser más susceptibles a efectos ambientales). En el caso de la drogadicción, las propias drogas pueden provocar alteraciones en nuestras células cerebrales ya que las drogas pueden activar o desactivar genes (los genes son secuencias cortas de ADN que codifican cosas específicas). Estos cambios en los genes alterarán la producción de proteínas en las neuronas, lo que a su vez puede cambiar la forma en que nuestro cuerpo responde a las drogas. Este comportamiento se ha podido observar sistemáticamente en el núcleo accumbens, una región implicada en el sistema de recompensa de la dopamina.

Muchas de las modificaciones en el ADN que se han relacionado con la adicción giran en torno a la función de neurotransmisores como la dopamina y la serotonina.[c] Como ya hemos visto, los niveles de neurotransmisores desempeñan un papel vital en los sistemas de adicción, que cuando se combina con las influencias emocionales y de conducta de nuestro estilo de vida pueden provocar una alteración en el preciso control que ejercen los neurotransmisores. Estos factores pueden influir en la probabilidad de desarrollar una adicción y en comportamientos como la impulsividad.

En general, existe un componente genético en la adicción a las drogas, pero los científicos están empezando a entender que pesa más la parte de conducta y hábitos, a lo que simplemente está escrito en nuestro ADN. Por último, todo se reduce a un gran número de factores relacionados con el estilo de vida que dentro de lo que cabe está en nuestras manos controlarlo.

¿POR QUÉ SE DESARROLLA EL SÍNDROME DE ABSTINENCIA?

Ahora que conocemos los mecanismos de la adicción – con el aumento de la dopamina que activa otras regiones para

---

[c] Los genes de la monoamino oxidasa A (MAOA), del transportador de serotonina (SLC6A4) y de los receptores de la hormona liberadora de corticotropina tipo 1 (CRHR1). La COMT (catecol O-metiltransferasa) metaboliza la dopamina, la noradrenalina y otras catecolaminas. Una ligera variación del gen COMT que da lugar a los alelos Met158 y Val158 está relacionada con un mayor riesgo de adicción a la metanfetamina y a la nicotina.

mantener la adicción – ¿por qué las personas pasan por una fase de abstinencia cuando dejan de consumir drogas?

El síndrome de abstinencia es una combinación de muchos procesos diferentes, como el nivel de tolerancia y la dependencia física. Durante el consumo de drogas, el cuerpo humano siempre se adapta para oponerse a un cambio y mantener un equilibrio, una homeostasis. Por lo tanto, cuando el cerebro experimenta constantemente niveles elevados de dopamina y otros neurotransmisores, trata de adaptarse para intentar reducir estos niveles a una cantidad más manejable.[d]

Para conseguirlo, la neurona puede adaptarse disminuyendo el número de receptores que tiene a los que se puede unir la droga. Esto ayuda a controlar la cantidad de estímulo que recibe una neurona. Al tener menos receptores, las drogas tendrán más dificultades para encontrarlos y acoplarse activando la neurona. Por eso los consumidores crónicos de drogas necesitan más droga con el tiempo, porque el cerebro se acostumbra al estímulo de las drogas.

El problema es que el cerebro empieza a esperar altos niveles de drogas de forma continuada y con ello, la liberación de neurotransmisores como la dopamina, la serotonina y la noradrenalina. De hecho, el cerebro es tan bueno prediciendo el consumo, que puede prever cuándo cree que vas a tomar drogas (por ejemplo, puede decirle al corazón que disminuya su velocidad si cree que las drogas aumentarán el ritmo cardíaco). Llegado este punto, el cerebro tiene una dependencia física de la droga, lo que significa que el cerebro

---

[d] Las células no neuronales, como los astrocitos, pueden recoger la dopamina de la sinapsis. Los cambios celulares en las propias neuronas dopaminérgicas pueden regular los autorreceptores, que se unen a su propia dopamina para formar un bucle de retroalimentación.

funciona de la manera en que lo hace porque está esperando la droga, y depende de su llegada.

Sin embargo, cuando una persona adicta deja de consumir drogas repentinamente, las vías dopaminérgicas ya no se estimulan y esto toma el cerebro por sorpresa. Debido a que el cerebro trata de mantener una homeostasis en función a los niveles de dopamina esperados, la activación cerebral estará en un nivel bajo en preparación para la llegada de drogas. Cuando las drogas no llegan, se producen los síntomas físicos de la abstinencia.

Imagínate que estuvieras en un concierto y tu grupo favorito estuviera tocando en el escenario. Se están haciendo muy famosos, han tocado durante muchos años y se esperan un público multitudinario (tolerancia). Con el tiempo, el grupo actúa en los estadios más grandes del país porque espera que se agoten las entradas en cada ocasión (dependencia). Cuando una persona deja de tomar las drogas (ya no habrá fans), es como si la banda se quedase en un estadio gigantesco con solo unas pocas personas en la parte de atrás, y el sonido de los grillos.

Esta dependencia física se produce porque la banda depende del público para motivarse a tocar y pagar los costosos gastos del estadio. Sin el público, la banda se encuentra con un estado de ánimo bajo, irritabilidad y falta de motivación para tocar. Algo parecido a lo que vemos en las personas que luchan contra el síndrome de abstinencia.

Las cosas son un poco diferentes con la abstinencia a los opioides. Este tipo de drogas bloquean los receptores (en lugar de activarlos), especialmente en un área del tronco cerebral llamada locus coeruleus (LC). Esta área libera noradrenalina para regular funciones como la respiración, la presión arterial y nuestros niveles de atención. Con los opioides bloqueando los receptores, el LC tiene que trabajar extra para regular estos procesos (es decir, necesitamos respirar, ¿no?) enviando más noradrenalina. Como si las entradas al concierto estuvieran bloqueadas y los fans no pudieran entrar a escuchar a la banda tocar. La banda subiría el volumen para que todo el mundo pudiera escuchar, incluso las personas que están atrapadas fuera del estadio. Esto es lo que hace el LC, aumenta los niveles de noradrenalina. Cuando los opioides se detienen, el LC sigue enviando gran cantidad de noradrenalina (o la banda sigue tocando), causando una sobre estimulación, lo que resulta en ansiedad, calambres musculares y problemas gastrointestinales. Además, también provoca una bajada de dopamina porque los opioides interactúan con el sistema de recompensa de la dopamina mencionado anteriormente.

No obstante, el cerebro acaba por darse cuenta de lo que está ocurriendo y durante las siguientes semanas o meses trabaja para reequilibrar los niveles de receptores (y muchos otros cambios). Mientras tanto, el lóbulo frontal, el área más implicada en la toma de decisiones, hace horas extra para provocarnos antojos, lo que hace más probable que recaigamos en el consumo compulsivo de drogas. El lóbulo frontal está tan intensamente implicado en estos antojos que si se bloquea el neurotransmisor liberado por esta área, el glutamato, se reduce la tasa de recaída.[e] La recaída también proviene de los mismos mecanismos que provocan la adicción,

---

[e] El bloqueo del glutamato inhibe el sistema de recompensa en nuestro cerebro y refuerza las emociones y los pensamientos negativos asociados con cualquier abstinencia (a través de las conexiones con el núcleo accumbens y la amígdala). La serotonina y el GABA (ácido γ-aminobutírico) también desempeñan un papel crucial en los circuitos de abstinencia del cerebro.

y del deseo de detener los síntomas de la abstinencia. Estos factores dificultan el que podamos abandonar una adicción.

¿POR QUÉ PERDEMOS LA MEMORIA CUANDO NOS GOLPEAMOS LA CABEZA?

Ha sido la trama de más series y películas de las que me gustaría nombrar, pero ¿es cierto que un golpe en la cabeza hace que olvidemos los recuerdos más recientes, incluso quién eres?

Alerta de spoiler, esto último, no es cierto. Un traumatismo craneoencefálico, y por tanto en el cerebro, raramente hace que una persona olvide quién es. Puede ser el guión de un buen drama televisivo, pero no se ajusta a la vida real. Sin embargo, a pesar de la licencia creativa de un programa de televisión, es habitual que se produzcan pérdidas de memoria en torno a los acontecimientos que se produjeron cerca del momento del traumatismo craneal.

Normalmente, cuando hablamos de un traumatismo craneoencefálico o TCE, hay asociado algún nivel de pérdida de memoria. La pérdida de recuerdos es uno de los síntomas más comunes que aprecia la gente, y estos recuerdos pueden tardar en volver. La mayoría de las veces, los recuerdos que rodean el momento de la lesión nunca vuelven.

Este tipo de pérdida de memoria se denomina amnesia retrógrada y es caracterizada por la incapacidad de recordar los eventos ocurridos en las 6-24 horas anteriores a la lesión. Cuando la cabeza se lesiona, el cerebro sufre un choque físico en el interior del cráneo, lo que provoca la muerte de células cerebrales y la ralentización de los procesos neuronales que dan lugar a la formación de la memoria a largo plazo. La propia muerte celular es en gran medida producto de la inflamación en el cerebro. Se trata de una respuesta secundaria al TCE inicial. La inflamación se origina con los miles de millones de células microgliales, que entre otras cosas, actúan como células inmunitarias del cerebro. La inflamación ataca a las neuronas e interrumpe los procesos esenciales que el cerebro necesita para realizar su trabajo. Las imágenes de resonancia magnética de un TCE que provoca amnesia muestran daños en el lóbulo temporal y en partes de la CPF, ambas áreas son muy importantes para formar y almacenar recuerdos.[20]

Se ha observado que en personas que sufren este tipo de lesión cerebral, en algunos casos, tienen también dificultades para crear nuevos recuerdos (amnesia anterógrada), olvidando cosas como citas y personas que han conocido recientemente. Algunos neurocientíficos creen que nuestra memoria implícita, que es la memoria subconsciente que usamos para aprender habilidades y generar hábitos, también podría dañarse con este tipo de lesiones. Esto significaría que se podrían tener dificultades para alcanzar el mismo nivel de destreza anterior en cosas como deportes, montar en bicicleta o pintura, por ejemplo, todo lo cual implica a otras áreas de tu cerebro, como el cerebelo en la parte trasera de la cabeza. Esta es una teoría, que a estas alturas es más bien anecdótica, ya que no hay investigaciones que hayan podido demostrar que esto ocurra de forma regular.[21]

Así pues, los golpes en la cabeza pueden causar un pequeño daño cerebral que impida la formación de recuerdos a largo plazo. Aunque es posible que nunca recuperes del todo los recuerdos recientes, el cerebro se acaba recuperando y puedes, en poco tiempo, volver a crear recuerdos felices.

¿QUÉ ES EL SUEÑO Y POR QUÉ DORMIMOS?

Aunque nos parezca algo natural y fácil de hacer (para algunos más que para otros), el sueño es una compleja relación entre las neuronas de diferentes partes del cerebro y la intrincada liberación de sustancias químicas llamadas neurotransmisores. La razón por la que dormimos sigue siendo discutida por muchos científicos hoy en día, pero en general se acepta la idea que dormir sirve para que nuestro cerebro organice y procese la información y las emociones que hemos experimentado durante el día, y para reponer los niveles de neurotransmisores para que estén listos para el día siguiente.

El momento en el que se inicia el sueño, y su duración, está controlado por el reloj interno de nuestro cerebro. Este reloj se encuentra en el interior del hipotálamo, en un lugar llamado núcleo supraquiasmático (NSQ, una manera mucho más fácil de decirlo). NSQ sincroniza nuestro ciclo del sueño y vigilia, pero también muchas otras cosas, como nuestra temperatura corporal y los horarios de alimentación, y tiene gran control sobre nuestra regulación diaria de genes y proteínas. Es un ciclo de regulación que dura, lo has adivinado, 24 horas. Por ahora, sin embargo, vamos a centrarnos en la parte que rige el sueño.

Las células cerebrales del NSQ reciben mensajes desde nuestros ojos sobre la cantidad de luz diurna que nos rodea. Durante el día, cuando el NSQ recibe estos mensajes, sabe que debe inhibir la producción de la hormona melatonina por parte de la glándula pineal (una pequeña área situada justo encima de la oreja). Cuando no hay luz del día, la melatonina se produce y se libera, indicando a nuestro cerebro que la noche se está acercando. Actúan otras señales, como la comida o la actividad física, lo que significa que no nos dormimos de repente en cuanto se pone el sol. Cuando nuestro cerebro sabe que es hora de irse a la cama, los niveles de melatonina empiezan a aumentar y unas dos horas después, alcanza su punto máximo.

¿Te has despertado por la mañana alguna vez a la hora habitual sin necesidad de un despertador? La hora a la que nos despertamos también está dictada por nuestros niveles de melatonina. Por lo tanto, si cada mañana te despiertas a la misma hora, significa que tu ciclo de melatonina está perfectamente sintonizado contigo.

Nuestro ciclo de sueño-vigilia, también llamado ritmo circadiano, tiene más importancia que el simple hecho de despertarse a tiempo por la mañana. Una noche de baja calidad y poca duración de sueño puede provocar hipertensión arterial y enfermedades cardiovasculares.[22] Más grave aún es la relación entre la falta de sueño y la enfermedad de Alzheimer: una mala regulación de nuestro reloj cerebral puede influir en los síntomas de la enfermedad de Alzheimer.[23] Es más, y esto es algo que los científicos todavía están tratando de entender, la propia enfermedad de Alzheimer provoca cambios en los patrones de sueño, lo que indica que ambos están de alguna manera entrelazados, y demuestra lo vital que es el sueño para nuestro cerebro.

Entonces, ¿qué ocurre si vives en un lugar con mucha luz o mucha oscuridad? En algunas regiones del Círculo Polar Ártico hay meses de oscuridad continua, pero la gente se las arregla para sobrevivir. Esto respalda la idea de que nuestro cerebro utiliza muchos tipos de señales diferentes, además de la luz del día, para controlar nuestro ritmo circadiano, pero las investigaciones nos dicen que la luz u oscuridad continuadas pueden reducir nuestra capacidad para combatir infecciones y pueden ser un riesgo para nuestra salud.[24]

¿QUÉ SON LAS ONDAS CEREBRALES?

Los científicos pueden observar tu cerebro mientras duermes, y lo que observan es una secuencia regular de ondas cerebrales que se producen mientras te duermes. Las ondas cerebrales son patrones de activación de todo el cerebro y no solo de pequeños grupos de neuronas. Es una especie de canto que entona el cerebro mientras trabaja. A veces está muy activo, por lo que la melodía es rápida y frenética, y otras veces está somnoliento, y el canto se ralentiza hasta alcanzar una melodía de jazz más suave. Estas ondas cerebrales pueden detectarse con unos auriculares de EEG (electroencefalograma) para poder monitorizar la actividad cerebral.

Cuando estás despierto y tu cerebro está alerta y atento, produce ondas de bajo voltaje, pero de alta frecuencia llamadas ondas beta. Este es el zumbido de base del cerebro mientras realiza sus actividades diarias. Cuando intentamos dormir, nuestro cerebro pasa a producir ondas alfa (de alta frecuencia y con picos más regulares). Una vez que nos adormilamos y empezamos a caer en un sueño ligero (sueño sin movimientos oculares rápidos, o también conocido como NREM según sus siglas en inglés) el cerebro empieza a cantar más suave y tranquilamente, produciendo un patrón de activación de ondas delta antes de caer en un sueño profundo.

Las ondas delta (larga frecuencia y lentas) también se observan cuando el cerebro cae en el sueño REM (sueño de movimientos oculares rápidos), y empieza a incorporar las ondas theta cuando comenzamos a soñar. Las ondas delta son la lenta y suave canción de jazz de la noche.

REM VERSUS NREM

Los tipos de sueño REM y NREM ayudan a los científicos a separar las diferentes fases del sueño. Se corresponden con los movimientos oculares que realizamos durante cada fase, y el sueño REM, la fase del sueño más profunda, recibe su nombre debido a la gran cantidad de movimientos oculares rápidos que realizamos al soñar (aunque también soñamos en el sueño NREM, es más probable que lo recordemos si nos despertamos durante el sueño REM). Ambos son diferentes, y el cerebro pasa de uno a otro cíclicamente durante la noche, con unos 3-5 ciclos REM, o unos 90 minutos de sueño REM, por noche. Todavía no estamos del todo seguros de por qué dormimos de esta manera, pero lo que sí sabemos es que la falta de sueño REM, especialmente durante varias semanas o meses, puede acabar teniendo un efecto en tu salud mental.

¿CÓMO PASA EL CEREBRO DEL SUEÑO LIGERO AL SUEÑO PROFUNDO?

El cerebro cambia del sueño ligero al profundo con la ayuda de neurotransmisores del hipotálamo (una de las partes más antiguas de nuestro cerebro). El hipotálamo es responsable de muchas cosas, como producir hormonas, regular nuestro cuerpo (homeostasis) y del sueño. Con el tiempo, hemos descubierto que el cerebro, y particularmente el hipotálamo, está muy compartimentado, dividido en otras muchas áreas más pequeñas. Por lo tanto, los científicos les han dado múltiples nombres, demasiados largos y complejos, a todas estas áreas. Prepárate ahora para algunas serias palabras científicas.

Gran parte de esta actividad es coordinada por una especie de supervisor, que se asegura de que se duerman ciertas partes de nuestro cerebro cuando se les indique (¡no habrán noches de maratones de series por aquí!). Este supervisor, llamado VLPO (por sus siglas en inglés para el núcleo preóptico ventrolateral), está ubicado en la parte frontal del hipotálamo y hace lo que haría cualquier buen supervisor – delega el trabajo a otra persona. Quiero decir, ¿para qué hacer todo el trabajo si lo puede hacer otra persona, verdad?

El VLPO les dice a otras células del cerebro que dejen de liberar orexinas (nombre de un tipo de neurotransmisor llamado neuropéptido). En realidad, esto es bastante inteligente porque las orexinas hacen muchas cosas en nuestro cerebro. Son nuestros pequeños caballos de batalla. Para mantenernos despiertos, se aseguran de que se liberen neurotransmisores de estar «despiertos» (noradrenalina, serotonina, dopamina) para inundar el cerebro y mantenernos alerta. Pero como el VLPO ha reducido las orexinas, estas ya no pueden ayudarnos a permanecer despiertos al provocar la liberación de neurotransmisores de estar «despiertos», y el equilibrio cambia a un estado de fase de sueño. Esto es lo que llamamos sueño NREM.

Como comentamos ya, a estas orexinas les encanta trabajar y no se van a dejar mangonear por mucho tiempo.[a]

---

[a] La reducción de las orexinas significa que tienen una capacidad limitada para estimular las neuronas del locus coeruleus. Éste produce noradrenalina y la envía

Encuentran su camino hacia otra parte del cerebro llamada tegmento pontino. Aquí, las orexinas les dicen a las células cerebrales que envíen una gran cantidad de acetilcolina (un neurotransmisor importante), y así pasamos pacíficamente a la fase REM, o sueño profundo. Al mismo tiempo, las células cerebrales en un lugar llamado NTM (núcleo tuberomamilar, en el hipotálamo), que libera histamina para mantenernos despiertos y alerta, comienzan a reducir su actividad. Los niveles de histamina bajan, manteniéndonos en la fase de sueño REM.

Este proceso puede verse alterado artificialmente por medicamentos que cambian el equilibrio de neurotransmisores y engañan a nuestro cerebro para que nos sintamos somnolientos. Los medicamentos también pueden hacer lo contrario y hacernos sentir más alerta (las drogas recreativas como la cocaína son excelentes para esto). Algunos medicamentos antidepresivos aumentan la noradrenalina o la serotonina, lo que puede afectar la duración del sueño REM. Esto es algo a tener en cuenta porque nuestros cerebros necesitan entrar en sueño REM para procesar toda la información recogida a lo largo de nuestro día y, como se mencionó anteriormente, realmente necesitamos el sueño REM.

Es importante señalar aquí que, si bien los neurotransmisores en nuestro cerebro son indudablemente importantes en el ciclo de sueño-vigilia, y especialmente en la transición del sueño ligero (NREM) al sueño profundo (REM), no representan la imagen completa de todo lo que ocurre. Como neurocientíficos, sabemos mucho sobre el sueño y qué

a muchas áreas del cerebro, ayudándonos a estar más alerta. Impedir la liberación de noradrenalina desde el locus coeruleus tiene el efecto secundario de liberar menos serotonina de una área del tronco cerebral llamada núcleos del rafe.

áreas del cerebro permanecen activas mientras dormimos porque podemos observar diferentes ondas cerebrales, activación de la memoria, sueños, etc., pero también hay mucho que aún tenemos por comprender. El simple hecho de cambiar los niveles de neurotransmisores no lo explica todo, por lo que, si bien estos cambios son necesarios para dormir, todavía tenemos mucho que aprender sobre el por qué y cómo dormimos.

INFLUYE SOBRE TU PROPIA QUÍMICA CEREBRAL

Las drogas no son lo único que puede afectar a nuestro sueño. Un área del hipotálamo llamada núcleo preóptico del hipotálamo (POAH, por sus siglas en inglés) es sensible a los cambios de temperatura. Cuando estamos calentitos o nos damos un baño caliente, por ejemplo, las células cerebrales de esta área pueden activarse más fácilmente y ayudarnos a sentir sueño al liberar GABA, un neurotransmisor que inhibe a las neuronas. El GABA inhibe las partes de nuestro cerebro que nos mantienen despiertos, y así hace que queramos ir a dormir. Esto es más efectivo alrededor de una hora antes de que sientas que quieres dormir, ya que se alinea con tu ritmo circadiano natural. La próxima vez que te quedes durmiendo frente a una chimenea, ya sabes por qué: ¡ese descarado hipotálamo!

Si nos dormimos fácilmente cuando tenemos calor, es lógico que estemos más despiertos cuando tenemos frío. En realidad, la misma área de nuestro cerebro, la POAH, también nos hace sentir más alerta cuando sentimos frío. Hace miles de años, si estábamos calentitos y no corríamos peligro de morir congelados, habría sido más seguro quedarnos dormidos y poder bajar la guardia. Tal vez esto significaba que estábamos cerca de una hoguera, que sería esencial para mantener alejados a los depredadores que rondaban cerca mientras dormíamos. Si el entorno era frío, quedarse dormido podría hacer que nuestra temperatura corporal bajara, lo que podría llegar a ser mortal, por lo que nuestro cerebro querría que estuviéramos más alerta y activos. Creo que la naturaleza nunca pensó que nos relajaríamos en baños calientes con burbujas, pero no importa, nos sigue funcionando.

¿ES LA ANESTESIA LO MISMO QUE DORMIR?

Cuando vamos al hospital para una intervención quirúrgica, nos sedan para ponernos a dormir. Después nos despertamos de lo que parece que ha sido un breve momento, y todo ha terminado (ahora tienes un brazo robótico, o lo que sea para lo que haya sido la cirugía). Decimos que nos han dormido, pero ¿eso es realmente dormir? Estoy razonablemente seguro de que si alguien intentara operarme mientras duermo profundamente en mi cama, me despertaría gritando, sorprendido y muy confundido. Es cierto que los efectos de la anestesia general son muy parecidos a los del sueño, pero se trata de un sueño tan profundo del que no nos podemos despertar.

Aunque utilizamos la anestesia general todos los días en los hospitales, y con unas medidas de seguridad increíbles, no sabemos realmente cómo actúa en nuestro cerebro. Sabemos algo de sus efectos, como reducir la actividad del tálamo (una parte importante en el centro del cerebro). El tálamo es esencialmente el guardián entre el cuerpo y el cerebro – si se quiere hacer llegar un mensaje al cerebro, hay que pasar por el tálamo. Cuando estamos bajo anestesia general, el tálamo impide que la información procedente de nuestro cuerpo (por ejemplo, la sensación de dolor durante la cirugía) se comunique con otras partes del cerebro. En este ejemplo, sería la corteza somatosensorial del lóbulo parietal la que nos hace sentir el dolor. También se reduce la actividad de la CPF como consecuencia de la anestesia general, por lo que no somos realmente conscientes de lo que está ocurriendo (afortunadamente).

Un fármaco llamado pentobarbital activa el VLPO (recordemos que está en el hipotálamo y nos hace dormir). El pentobarbital también detiene la liberación de histamina en el cerebro, impidiendo que nos despertemos. Otro anestésico general llamado isofluorano inhibe las neuronas de la orexina, nuestros pequeñas obreras implicadas en el sueño. Este mecanismo no es el único que ocurre en el cerebro, pero lo cierto es que aún no sabemos exactamente por qué la anestesia tiene un efecto tan fuerte sobre nosotros.

¿QUÉ OCURRE DURANTE LA PARÁLISIS DEL SUEÑO?

La parálisis del sueño (PS) es una experiencia extraña y a menudo aterradora que se produce justo después de quedarnos dormidos o antes de despertarnos. Durante la PS, el cuerpo es incapaz de moverse y, en algunos casos, puedes sentir como si tuvieras una presión en el pecho, como si te estuvieras cayendo o, lo que es peor, como si hubiera alguien más en la habitación contigo. Cuando duermes, el tronco cerebral detiene los mensajes que quieren pasar al resto del cuerpo y que de otra forma nos harían movernos. Esto es para suprimir los movimientos no deseados durante el sueño y no te lesiones mientras duermes. Lo que ocurre en la PS es que el cerebro no pasa adecuadamente por las fases normales del sueño, sino que se encuentra en un punto intermedio entre la vigilia y el sueño. Un estudio reciente sugiere que las alucinaciones leves que se experimentan durante la PS (por ejemplo, que alguien abre la puerta de la habitación) pueden ser en realidad un estado del sueño muy particular que se experimenta fuera del sueño normal.[25] La PS se produce porque nuestro lóbulo frontal está más alerta de lo habitual, mientras que nuestro centro emocional (el sistema límbico) y los centros visuales (que envían mensajes al lóbulo parietal) perciben que podemos estar bajo amenaza y provocan estas alucinaciones similares a sueños.

Aunque puede ser una experiencia aterradora, sabemos que la PS se correlaciona con cosas como el jet lag (desfase del horario), la ansiedad y la narcolepsia, por lo que el tratamiento de estas condiciones puede ayudar a reducir las frecuencias de la parálisis del sueño.

La pesadilla, de Henry Fuseli de 1781, resume perfectamente lo aterradora que puede ser la parálisis del sueño.

¿QUÉ SON LOS SUEÑOS Y POR QUÉ LOS TENEMOS?

Ahora que sabemos un poco más sobre el sueño y por qué lo necesitamos tanto, es un buen momento para hablar de lo que ocurre durante el sueño. No, no estoy hablando de acurrucarse con tu oso de peluche favorito – estoy hablando de los sueños.

En los sueños nos transportamos a una vida imaginaria en la que podemos volar y visitar lugares extraños o, a veces, encontrarnos con espeluznantes niñas victorianas que cantan canciones infantiles y se ríen en las puertas sin motivo aparente – ¡nuestras pesadillas!

Todos hemos tenido sueños – pensamientos y sensaciones que se producen mientras dormimos –, pero nunca se ha podido responder del todo a la pregunta de por qué soñamos. A lo largo de los años, han habido muchas teorías sobre por qué soñamos. Tal vez los sueños sean una ventana a nuestro subconsciente, o tal vez sean la forma que tiene nuestra mente de llevar a cabo nuestros deseos más secretos sin consecuencias sociales. De hecho, esto se demostró en un estudio en el que se reclutó a personas que acababan de dejar la nicotina:[26] casi todos soñaron con el tabaco en los meses posteriores a dejarlo, y los sueños se hicieron más frecuentes a medida que pasaba el tiempo, probablemente porque el cerebro seguía pasando por un período de abstinencia.

La idea más clara sobre por qué soñamos es que el cerebro necesita tiempo para procesar los recuerdos y las emociones que hemos experimentado durante el día y colocarlos en el almacenamiento a largo plazo.[27] Esto tiene mucho más sentido cuando se observa el cerebro de personas que duermen y vemos que el hipocampo, la parte destinada a los recuerdos, y la corteza cingulada anterior, que participa en la asignación del contexto emocional, están especialmente activos. De hecho, en los días en los que vivimos muchas experiencias nuevas, el cerebro puede seguir procesando la información hasta siete noches después. Esto también explica en parte por qué acontecimientos estresantes y de carga emocional de nuestra vida pueden afectar significativamente a la calidad de nuestro sueño.

Un equipo de científicos demostró esto mismo haciendo que las personas jugaran a videojuegos durante varias horas antes de dormir.[28] Más del 60% de las personas declararon haber tenido sueños sobre el juego, lo que sugiere que nuestra memoria a corto plazo está especialmente activa durante nuestros sueños.

Además, se cree que los acontecimientos que aparecen en nuestros sueños son una combinación entre los recuerdos a corto plazo que hemos experimentado recientemente y los recuerdos a largo plazo que nuestro cerebro considera relevantes y que deben estar conectados entre sí. Esto apoya la idea de que dormir y soñar ayudan a que nuestros recuerdos pasen de estar almacenados a corto plazo en el hipocampo a estarlo a largo plazo por todo el cerebro. Este proceso ocurre sobre todo durante el sueño NREM, y la parte relacionada con el contexto emocional -cómo los sentimos ocurre en el sueño REM, nuestro sueño profundo.

Como algunas áreas del cerebro están durmiendo, mientras que otras no, experimentamos esto como una realidad extraña que es a lo que llamamos sueño. Curiosamente, si nos adentramos en el significado y el simbolismo de los sueños, encontramos una explicación más abstracta de los mismos y una teoría que me parece especialmente interesante.

El mundialmente conocido especialista en sueños Rubin Naiman cree que quizá estemos entendiendo los sueños de forma totalmente equivocada,[29] y que en realidad son un subconjunto de los pensamientos y procesos que experimentamos durante el día. No son particularmente especiales o diferentes de lo que encontramos durante nuestra vida cuando estamos despiertos, y quizás habría que hablar de los sueños de la misma manera que hablamos de las estrellas por la noche – siempre están ahí, pero solo parece que nos fijamos en ellas por la noche. Entonces, si esto es cierto y nunca dejamos de soñar, ni de día ni de noche, ¿Por qué no estoy escribiendo este libro vestido con un tutú rosa mientras estoy sentado en la superficie del Sol?

Para empezar, el tutú rosa está ahora mismo en la cesta de la colada, pero la superficie del Sol... bueno, eso es cosa de nuestra corteza prefrontal. Se trata de la CPF, de la que hemos antes, el área situada justo detrás de la frente, que es responsable de la lógica, la planificación, la atención y, en general, de las llamadas funciones ejecutivas. Es básicamente la parte más inteligente del cerebro. Si unimos esto al hecho de que los neurotransmisores, las sustancias químicas intercambiadas entre las neuronas, están más bajos de lo normal y necesitan reponerse, tenemos una receta para un cerebro que no funciona del todo bien desde luego no como lo haría cuando estamos despiertos.

Intenta pensar en los sueños como si el cerebro estuviera analizando nuestras experiencias diarias sin demasiada lógica. Mientras se duerme, la corteza visual está muy despierta y alerta. Esta parte de nuestro cerebro está ocupada procesando las imágenes del día que ha terminado. Sin restricciones, el cerebro puede ahora pensar de forma más abstracta y creativa, utilizando imágenes y metáforas para expresar ideas.[30] Esta es quizás la razón por la que las escenas y los eventos son a menudo exagerados durante nuestros sueños, y sin embargo no notamos la extrañeza del sueño (ya que la corteza prefrontal está durmiendo). Es cuando nos despertamos que reconocemos lo insólito de las cosas que hemos soñado.

PESADILLAS

Lo que hemos explicado puede explicar los sueños, pero ¿qué pasa con las pesadillas? Los científicos creen que las pesadillas tienen un propósito evolutivo y que en algún momento nos habrían sido útiles. Probablemente evolucionaron para mantenernos alerta ante los peligros o las preocupaciones que pudiéramos tener, para que no nos limitáramos a ignorarlos. Esto habría sido extremadamente útil a lo largo de nuestros millones de años de evolución. Por ejemplo, si nuestra comunidad fuera atacada, esto podría volver a ocurrir, o si se viera a un león merodear con frecuencia cerca de la comunidad – tendríamos que mantener nuestros pensamientos centrados en ello, a menos que quisiéramos ser devorados. Soñar con las tensiones y preocupaciones que tenemos es la forma que tiene nuestro cerebro de trabajar con las emociones y mantener nuestra atención centrada en el peligro. Como resultado, a veces tenemos pesadillas.

Los científicos han observado que, cuando las personas tienen pesadillas, aumenta la actividad cerebral en la amígdala, una área clave que está implicada en el miedo y que hace que los acontecimientos que tememos sean mucho más difíciles de olvidar. Junto con el hecho de que la corteza prefrontal suele estar también dormida, se produce un fallo en el control y el razonamiento de esta realidad aterradora, lo que provoca una pesadilla.[31]

El sueño lúcido

Puede que haya un potencial en utilizar los sueños para nuestro beneficio. El sueño lúcido es un fenómeno fascinante, en el que eres consciente de que estás dentro de un sueño mientras estas en verdad durmiendo.

Piensa en ello como en la película Origen, con Leonardo DiCaprio, en la que si sabes que estás soñando, tienes el potencial de hacer que el sueño sea como tú quieras. Este fenómeno se reconoció por primera vez hace más de 40 años, y aunque se ha estudiado en las décadas posteriores, todavía no podemos explicar del todo por qué ocurre o por qué algunas personas parecen experimentarlo más que otras. Se calcula que aproximadamente el 50% de las personas experimentan sueños lúcidos en algún momento de su vida, el 20% los tiene mensualmente y un pequeño número de personas los experimenta casi todas las noches.[32] Lo que sí sabemos es que la CPF es mucho más activa en los soñadores lúcidos. La CPF afecta a otras áreas del cerebro y empieza a aumentar las señales hacia el lóbulo temporal, que sabemos que es vital para crear y almacenar nuestros recuerdos. Un pequeño estudio que trataba de reducir la frecuencia de pesadillas descubrió que aquellas personas capaces de tener sueños lúcidos eran capaces de evitarlas o de limitar la angustia que sentían durante episodios de pesadillas.[33]

Los sueños lúcidos se producen gracias a una mayor conectividad entre ciertas regiones del cerebro implicadas en las funciones ejecutivas.[a] En otras palabras, las partes inteligentes de nuestro cerebro son capaces de hablar con el resto del mismo con más libertad de lo normal durante el sueño. Aunque esta conectividad se ha demostrado en escáneres cerebrales, cuando hablamos con las personas que experimentan sueños lúcidos con frecuencia, parece que son iguales a los demás. Los soñadores lúcidos o los soñadores normales parecen tener la misma capacidad de memoria y atención plena, y sueñan despiertos en la misma frecuencia que cualquier otra persona.

¿No sería interesante si pudiéramos tomar a un soñador ordinario y convertirlo de alguna manera en un soñador lúcido? Pues bien, dado que el neurotransmisor acetilcolina está muy implicado en la regulación del sueño REM y de la señalización cerebral en general, es posible crear sueños lúcidos ajustando la cantidad de acetilcolina en nuestro cerebro durante la noche. LaBerge y sus colegas descubrieron que el fármaco galantamina, que aumenta la acetilcolina, también incrementa la posibilidad de tener sueños lúcidos en más de un 40%.[35] Por el momento, se desconoce si son idénticos a los sueños lúcidos que ocurren de forma natural, pero podría ser un gran método para estudiarlos con mayor predictibilidad en el futuro.

[a] La conectividad entre las áreas temporoparietales – concretamente la corteza frontopolar, el giro angular y el giro temporal medio. Esta es solo una forma precisa de hablar de las áreas implicadas en los recuerdos, la atención, la conciencia espacial y el procesamiento de la información de nuestros sentidos sobre lo que nos rodea.[34]

CÓMO HACER QUE LOS SUEÑOS TRABAJEN PARA TI

Lo que sería increíblemente divertido sería intentar participar en un sueño lúcido. ¿Podríamos hablar con las personas que están dentro del sueño? ¿Podríamos preguntarles cómo es, y utilizar esa información para ayudar a entendernos a nosotros mismos en un nivel superior? ¿Es posible que podamos utilizar esta técnica para hablar con nuestro subconsciente de alguna manera? ¡No dudes en intentar probar esto si alguna vez los experimentas!

¿Te creerías si te dijeran que existe un dispositivo que te permite compartir un sueño lúcido con otra persona? En el 2012, con un dispositivo de EEG, se intentó crear un sueño colectivo. La idea era que dos personas llevaran cada una el dispositivo (conectado a Internet) y cuando la persona durmiendo nº 1 empezara a soñar, una bombilla de color se encendería en la habitación de la persona durmiendo nº 2. Con la suficiente práctica, la persona durmiendo podría ser capaz de notar la luz, incluso mientras duerme, hacer un sutil movimiento con los ojos o los dedos, y esta actividad cerebral sería detectada y enviada a la persona durmiendo nº 1. Esas personas tendrían su propia bombilla que les incitaría a estar lucidos durante el sueño. La luz se debería sentir de forma parecida a cuando oyes sonar el despertador mientras duermes. Incorporarías el ruido (o en este caso, la luz) de alguna manera a tu propio sueño.

Al estar lúcidos en sus propios sueños, cada persona durmiendo se volvía consciente a las señales. En esta fase del experimento el dispositivo que portaban no les permitió interactuar activamente, pero la idea de que se puedan utilizar ondas cerebrales para enviar señales a otra persona que está también durmiendo, influyendo en su sueño, era un gran concepto y un primer paso notable en el área del sueño colectivo.

Si el envío de mensajes mientras se duerme fue el primer paso, Konkoly y sus colegas dieron recientemente el segundo.[36] ¡Y ha sido un paso gigante!

Al entrenar a un grupo de personas para que experimentaran sueños lúcidos en sus laboratorios del sueño, el equipo fue capaz de mantener una comunicación bidireccional con los soñadores. Les pedían que respondieran a operaciones aritméticas sencillas, como 8 - 6, y el soñador podía responder con movimientos oculares (cada movimiento representaba un número). Seguían soñando, pero podían oír la pregunta como una parte de su sueño. Algunos la escuchaban como una voz superpuesta, otros como a través de una radio que sonaba al fondo en el sueño.

Aunque fue difícil para el equipo obtener resultados reproducibles (solo un 25% de los intentos fueron exitosos), algunos de los participantes fueron capaces de recordar las preguntas que les hicieron al despertar.

Este estudio da más crédito a la idea de que algún día podremos interactuar con nuestra mente subconsciente soñadora y poder echar una mirada a nuestros sueños.

Una última reflexión sobre los sueños que me gustaría compartir con vosotros es la posibilidad de utilizarlos en beneficio propio. Algunas técnicas intentan utilizar los sueños como si se tratase de cualquier otra habilidad. ¿Alguna vez te has despertado de un sueño pero lo has olvidado rápidamente? Pues bien, una técnica para recordar los sueños puede ser una solución, por la que, poco después de despertarte, escribes todas las ideas innovadoras que has tenido, de modo que cualquier creatividad que hayas encontrado puedas recordarla cuando la necesites. El famoso escritor de terror Stephen King es muy reconocido por utilizar los sueños como fuente de creatividad para sus historias. Su libro *El cazador de sueños* se basó en un sueño que tuvo sobre una cabaña y unos autoestopistas.

¡Si tienes un problema concreto al que necesitas encontrar una solución, entonces la incubación del sueño! ¡Es para ti! Antes de dormirte, concéntrate si es posible en un problema que estés teniendo. Con suficientes intentos, los estudios han demostrado que es posible soñar con los temas que elijas y utilizarlos para enfocarlos en cierto aspecto de tu vida. El genio matemático Srinivasa Ramanujan es famoso por haber enviado por correo complejas fórmulas matemáticas a un profesor de la Universidad de Cambridge a principios del siglo. Lo que hace su historia aún más increíble es que Ramanujan vivía en un pequeño pueblo en la India y no tenía acceso a libros de texto avanzados. Desde los 16 años (tenía 25 cuando envió su trabajo a Cambridge) decía que las fórmulas se le aparecían en sueños y que era capaz de desarrollarlas cuando se despertaba.

Por último, una intrigante técnica llamada sueños premonitorios parece que tendría una mayor utilidad en nuestras vidas cuando estamos despiertos. ¿A quién no le gustaría soñar con los acontecimientos antes de que sucedan? Tal vez puedas evitar llegar tarde al trabajo o echarte por encima el café, o tal vez puedas concentrarte mucho y aprender los números de la lotería para ganar millones. Suena radical, pero hay numerosos informes sobre sueños que aparentemente reproducen escenas e interacciones que luego se experimentan en la vida real. La principal explicación tendía a ser un déjà vu, pero es mucho más probable que la experiencia sea simplemente una coincidencia, teniendo en cuenta los otros miles de sueños que no son proféticos.

También puede estar relacionado con el fenómeno Baader-Meinhof (véase el capítulo 2), según el cual es más probable que te des cuenta de estas coincidencias después de haber sido conscientes de ellas, con un fuerte deseo de usar cualquier cosa que apoye tu punto de vista – como cuando piensas en un amigo y ese mismo amigo te llama un rato después, pero tiendes a olvidar las veces que piensas en él sin recibir una llamada telefónica. Pero ¡siéntete libre de probarlo!

¿PUEDE LA «CONGELACIÓN CEREBRAL» MATARTE?

Vale, ya que este es un libro de ciencia, al menos debería intentar utilizar el correcto término médico para el congelamiento cerebral (también llamado cefalea del helado), que es *ganglioneuralgia esfenopalatina*. ¿Sabes qué? Pensándolo bien, eso es un trabalenguas, así que creo que podemos continuar a partir de ahora con el congelamiento después de todo. El congelamiento cerebral se produce cuando comes o bebes algo helado con demasiada rapidez, lo que te provoca un rápido e intenso dolor de cabeza, que afortunadamente desaparece con la misma rapidez.

Cuando se cambia rápidamente la temperatura en la parte posterior de la garganta, cerca de dos arterias importantes, al cerebro esto realmente no le gusta nada, porque estas dos arterias son cruciales para el cerebro. La *arteria carótida* lleva la sangre al cerebro y la *arteria cerebral* la distribuye. El cambio brusco de temperatura provoca un aumento drástico de la sangre que fluye por ambas arterias, algo que el cerebro nota.

El dolor se produce cuando los receptores de temperatura que recubren la membrana del cerebro, las *meninges*, notan el cambio y envían mensajes al cerebro. El *nervio trigémino* (el principal nervio de la cara y la cabeza) se activa y provoca una sensación intensa, que el cerebro interpreta como dolor, para que dejes de hacer lo que sea que estés haciendo (como comer tu peso corporal en helado). El congelamiento cerebral se produce como una forma de que tu cuerpo te diga que la sensación es demasiado intensa. Al cerebro le gusta que las cosas sean agradables y consistentes. No hay nada que le guste más que vivir una vida aburrida en la que todo es bonito, controlado y seguro.

Una vez que la boca y la garganta se calientan, los vasos sanguíneos se hacen más pequeños y el flujo sanguíneo vuelve a la normalidad, algo que no tarda mucho. Aunque la sensación de congelación del cerebro no es muy agradable y puede parecer algo grave, en realidad no lo es. Incluso el dolor de cabeza más fuerte por congelamiento cerebral es simplemente una señal intensa de tu cerebro, y nada más. Nunca se ha registrado un caso de alguien que haya muerto por esta causa o que haya tenido otros efectos secundarios aparte de una aversión al helado, momentáneamente, por supuesto.

Curiosamente, las personas que sufren migrañas son más propensas a sufrir congelamiento cerebral. No se sabe exactamente por qué ocurre esto, pero se está investigando para intentar encontrar nuevos fármacos para las migrañas.

¿Muy dramático? Desde luego puede sentirse así durante la congelación cerebral.

¿Pueden regenerarse las células del cerebro?

Históricamente, el cerebro se ha considerado como un impresionante superordenador, pero que batalla por repararse a sí mismo y recuperar sus plenas funciones si resulta dañado. Esto nunca ha sido más notable que cuando nos enfrentamos a la aparentemente imposible tarea de reparar lesiones cerebrales y de la médula espinal. La mayoría de las neuronas que tenemos después de nacer se quedarán con nosotros por el resto de nuestras vidas, pero a pesar de lo que puedas haber oído, el cerebro fabrica nuevas neuronas y puede repararse a sí mismo – hasta cierto punto.

Incluso antes de que hayamos nacido, las células cerebrales se están dividiendo a gran velocidad. Este proceso duplica el número de neuronas por cada ciclo. Se dividen y crecen a tal ritmo que el cerebro tiene un exceso de neuronas. Tantas que su número se reduce lentamente y con precisión durante gran parte de nuestra infancia. Nacemos con más neuronas de las que realmente necesitamos y, con el tiempo, nos quedamos solo con las que son útiles para ayudarnos a aprender y comprender el mundo que nos rodea. El excedente se va eliminando poco a poco hasta que tenemos un cerebro más sencillo, y eficiente.

Supongamos que todo este crecimiento se produce a una edad temprana y nunca más allá de este punto. En ese caso, es fácil ver por qué los neurocientíficos creían tradicionalmente que el cerebro adulto no podía regenerarse y hacer crecer nuevas células cerebrales. Incluso hoy en día, sigue habiendo un debate sobre el punto máximo de la regeneración en el cerebro adulto. El nacimiento de las células cerebrales, o la neurogénesis, es un campo de investigación crucial dentro de la neurociencia. Las nuevas técnicas científicas que permiten a los científicos estudiar el cerebro en vivo mediante escáneres cerebrales, o cultivar células cerebrales en el laboratorio, nos han dado una visión sin precedentes de cómo crecen y se desarrollan las neuronas. Lo que han revelado es que nuestro cerebro fabrica continuamente nuevas células cerebrales. Alrededor de 700 cada día, para ser exactos, y esto continúa hasta la vejez. La persona con mayor edad en la que se ha encontrado neurogénesis ¡tiene 97 años![37] y eso solo observando el hipocampo (sobre todo en una área llamada giro dentado) – ni siquiera hemos buscado todavía en otras áreas del cerebro.

Si se producen nuevas células cerebrales cada día, entonces deberían ser capaces de repararse a sí mismas después de sufrir un daño, ¿verdad? El cerebro y la médula espinal pueden repararse a sí mismos dentro de lo razonable, pero el problema es que puede que nunca sean capaces de recuperar todas las conexiones que tenían antes de la lesión, lo que resulta en una pérdida de funciones, como: dificultades de movimiento que provoquen una parálisis, o problemas del habla o de memoria, dependiendo de la zona del cerebro o de la médula espinal que resulte dañada. Sin embargo, el cuerpo humano es inteligente y el cerebro puede aprender a crear nuevas conexiones para adaptarse a las conexiones que faltan y empezar a construirlas en otras áreas. Esto se observa en las personas que sufren un traumatismo cerebral, como un ictus, que consiguen recuperar las funciones, al menos en parte, si no completamente.

Lo que es importante señalar es que las neuronas lesionadas pueden regenerarse, y en un estudio reciente de un equipo de investigadores de California se descubrió que lo hacen retrocediendo a un estado más joven.[38] La neurona, tras reconocer el daño, volverá al estado de una neurona bebé, capaz de volver a crecer para comenzar una nueva vida, olvidando su vida adulta de cuando se lesionó.[a] Para la regeneración, las condiciones de la neurona deben ser óptimas para promover el crecimiento, lo que es difícil de conseguir para el cuerpo. Piensa en cuando una persona se enferma o se lesiona. Va al hospital para que le den medicamentos y tratamientos. El entorno se construye de manera que promueva la curación y la recuperación. No se espera que se recupere del todo si sigue con su vida diaria de forma normal, ignorando la lesión. Esto es esencialmente lo que la investigación está tratando de entender actualmente. ¿Cómo sería ese entorno local (o hospitalario) para neuronas dañadas? En otras palabras, ¿cómo podemos ofrecer la mejor medicina y los mejores tratamientos para tener la mayor oportunidad de regeneración de las células cerebrales? Esto mejoraría la neurogénesis natural en el cerebro y mejoraría los resultados post lesiones.

La esperanza para el futuro es que las neuronas puedan cultivarse en un laboratorio utilizando las condiciones más adecuadas (por ejemplo, con proteínas como factores de crecimiento) y trasplantarlas al lugar de la lesión. Las neuronas comenzarían entonces a regenerarse a sí mismas y

---

[a] Técnicamente, los cambios se ven a nivel genético, ya que reinicia una serie de genes que promueven los cambios neuronales y el renacimiento a nivel transcripcional, lo que significa que el ARN cambia para crear nuevas proteínas que se encuentran en etapas más tempranas de la vida.

a los miles de conexiones que previamente habían establecido con otras neuronas. Por supuesto, el cerebro puede hacer esto por sí solo, pero no con la eficacia que nos gustaría.

Así que sí, las células cerebrales pueden regenerarse, pero el proceso es limitado, y la neurociencia aún no está en la fase en la que esperar una recuperación completa en cada paciente.

¿Y qué pasa con las enfermedades? ¿Pueden las neuronas recuperarse de enfermedades como la enfermedad de la motoneurona (EMN)? Las motoneuronas, o neuronas motoras, envían señales desde el cerebro a los músculos de todo el cuerpo, dándoles instrucciones para moverse. En la enfermedad de la motoneurona (también llamada esclerosis lateral amiotrófica, ELA), éstas pierden su función y acaban muriendo. Esto se debe principalmente a que las proteínas específicas de las neuronas no funcionan como deberían, lo que conduce a una cascada de acontecimientos que, en última instancia, provocan la muerte celular. Otras células, como los astrocitos, también se lesionan y acaban muriendo, lo que tiene un gran impacto en los mecanismos de reparación del cuerpo.

El cuerpo puede reparar las neuronas motoras si se dañan, por ejemplo, a causa de una lesión contundente, pero los verdaderos problemas ocurren cuando hay una enfermedad subyacente que hace que las neuronas se vuelvan defectuosas, y esos mecanismos de reparación no pueden ayudar.[39] Piense en ello como si estuviera construyendo una casa. Se pueden tener los planos correctos y un equipo de constructores experimentados, pero si se les entrega ladrillos con la forma incorrecta, ladrillos esféricos en lugar de los normales rectangulares, la casa no se va a construir con la estabilidad habitual. Con el tiempo se desmoronará, independientemente de lo bueno que sea el equipo de construcción. Esto es lo que ocurre en la EMN, por lo que la regeneración -o la construcción- supone un gran reto para los neurocientíficos.

Los tratamientos en desarrollo para un futuro se orientan más hacia la terapia con células madre, que esencialmente sustituirá el camión de ladrillos esféricos por un camión lleno de ladrillos normales, para que la casa se construya como debe ser.

¿CÓMO SE CODIFICA LA MEMORIA EN EL CEREBRO?

Cuando los científicos hablan de la memoria, tienden a agruparla de dos maneras diferentes. El tipo de memoria con el que todos estamos familiarizados, con la que recordamos hechos y acontecimientos de nuestro día, se llama memoria declarativa. Es un tipo de memoria más autobiográfica – somos conscientes de ella y, hasta cierto punto, tenemos mucho control sobre ella. El segundo tipo de memoria, llamada memoria no declarativa, es la que utiliza nuestro cerebro sin que lo sepamos, y es esencial para aprender nuevas habilidades y desarrollar hábitos. A la memoria no declarativa también se le llama memoria inconsciente.

También tenemos memoria a corto y largo plazo. Nuestra memoria a corto plazo se aplica a todo lo que recordamos durante unos 30 segundos a un minuto y está depende de nuestro lóbulo frontal o lo que es lo mismo, nuestros pensamientos conscientes sobre lo que intentamos recordar. En realidad, el cerebro tiene una capacidad bastante limitada para utilizar la memoria a corto plazo, ya que solo puede almacenar entre cinco y nueve elementos de información en un momento dado.

El hipocampo acabará siendo reclutado para recordar cualquier información durante un periodo de tiempo más largo, pero si queremos mantener algo en nuestra memoria a largo plazo, para no olvidarlo, entonces los recuerdos acaban

Un Millón de Preguntas Para Un Neurocientífico

almacenándose en todo el cerebro – un proceso que puede tardar semanas en completarse. En la próxima pregunta, vamos a descubrir cómo se crean los recuerdos a largo plazo y los precisos pasos que toman nuestras células cerebrales para recuperar un recuerdo cuando lo necesitamos.

¿QUÉ ES REALMENTE UN RECUERDO?

Cuando hablamos de un recuerdo en el cerebro, ¿a qué nos referimos realmente? Si pensamos en un recuerdo feliz de la infancia cuando salimos a jugar con nuestros amigos, ¿qué aspecto tendría eso para nuestras neuronas? ¿Es como un grupo de imágenes o un vídeo corto? Si pudiéramos observar esas neuronas (y podemos hacerlo) ¿podríamos realmente ver ese recuerdo? Técnicamente, sí es posible.

Aunque la ciencia aún no ha llegado al punto en el que podamos descifrar un recuerdo con solo mirar una neurona, hay cambios reales que ocurren en cada célula del cerebro al crear un recuerdo. Esto se ha estudiado mucho, en lo que respecta a recuerdos a largo plazo, en una parte del cerebro llamada hipocampo. Allí hay una densidad muy alta de células cerebrales y podemos estudiar la formación de la memoria con mucha más claridad. Sin embargo, un suceso no se almacena como en un carrete de película – sino que se codifican pequeños detalles de la experiencia que luego nosotros mismos recreamos cada vez que recordamos algo. Al recordar un suceso, reconstruimos el vídeo a partir de piezas de repuesto, y por eso lo veremos de forma un poco diferente cada vez que lo recordemos. En neurociencia, esta idea se denomina memoria distribuida con baja densidad, en el que cada recuerdo está codificado por una serie de neuronas, y esas neuronas pueden incluso ser reclutadas más adelante para ayudar a recordar también otra cosa diferente.[40] Los recuerdos también dependen de nuestro estado emocional, tanto en el momento del suceso como cuando intentamos recordarlo, por lo que esto jugará un papel importante en cómo recordamos algo.

Como los recuerdos se componen de todos estos pequeños detalles, en realidad se crean y almacenan en todo nuestro cerebro, en las conexiones de las células cerebrales que codifican nuestras respuestas emocionales, el color, el sonido, el sabor y prácticamente cualquier otro detalle que uno se pueda imaginar. Los recuerdos a largo plazo se crean en un proceso llamado potenciación a largo plazo, o PLP, que puede tardar desde minutos hasta semanas en completarse. A continuación, vamos a ver qué aspecto tiene realmente la PLP en nuestras células cerebrales.

¿CÓMO SE CODIFICAN LOS RECUERDOS EN EL CEREBRO?

Los recuerdos a largo plazo comienzan a codificarse cuando sucede algo que hace que muchas señales cerebrales, o potenciales de acción, vayan a un área muy específica a la vez. Esto conduce a cambios en esas neuronas, cambios que los neurocientíficos llaman plasticidad. Es por eso que a menudo se dice que el cerebro es plástico, porque los cambios pueden ocurrir a lo largo de toda nuestra vida.

La plasticidad altera las sinapsis para que la comunicación entre ellas se refuerce y se haga más fácil y eficaz para la próxima vez que se envíen las señales. Esto puede ocurrir de varias maneras, pero la más estudiada es la PLP. Piensa en una célula cerebral como si fuera una vía, una gran vía que atraviesa una ciudad. Al final de la gran vía, hay muchas salidas (sinapsis) que conducen a otras calles más pequeñas (dendritas)[a] y finalmente, a otras ciudades (otras neuronas). Esto significa que todas las salidas pueden ser extremadamente específicas para el lugar al que quieres ir (o lo que quieres recordar). Si ocurre algo importante que quieres recordar, por ejemplo, si vas a ver un concierto de Beyoncé, la salida que se dirige al estadio estará llena de coches, mucho más de lo habitual (en el cerebro, esto sería un aumento de los potenciales de acción). Debido a la gran magnitud del concierto, el último tramo de esta salida (sinapsis), en dirección al estadio, provocaría un atasco.

Por lo tanto, la gente aparca sus coches y camina hacia el estadio (las personas son neurotransmisores que se lanzan hacia la siguiente neurona). Cuando por fin llegan al estadio (tardan unos 0,0005 segundos) todos los fans de Beyoncé se encuentran con que tienen que pasar por una puerta muy estrecha (receptor AMPA).

Aunque hay un problema – demasiada gente y muy pocas puertas, por lo que hay que crear otra puerta para dar acceso a la gente (receptor NMDA).[b] Con la puerta adicional que ahora están dejando entrar a la gente, el flujo de personas está más controlado, pero el concierto sigue siendo muy multitudinario (después de todo, ver a Beyoncé montar en un elefante mientras canta en perfecto coreano sería un evento con entradas agotadas, ¿o no?) Así que el responsable de la puerta envía a alguien a la calle donde están aparcados todos

---

[a] Si una neurona es un brazo, las dendritas serían los largos dedos que se extienden hacia otros brazos. Las sinapsis serían las puntas de los dedos que se extienden para tocar otras puntas de los dedos. ¡Qué romántico!

[b] Cuando el neurotransmisor glutamato se une al primer receptor (AMPA), o en este caso, a la primera puerta, cambia un poco la sinapsis. Provoca un pequeño cambio de voltaje que libera magnesio, que estaba sentado en la otra puerta, el receptor NMDA. Ahora ambos funcionan y el glutamato se une a ambos.

los coches para decirles que pueden pasar más personas porque las puertas adicionales están ahora abiertas.

Lo que es diferente en esta mensajera es que no se limita a caminar hasta allí como de costumbre. Después de ver la multitud, ella no quiere tener que abrirse paso. En lugar de eso, coge un puñado de globos (llenos de óxido nítrico -si añades un extra de nitrógeno tendrás gas de la risa-) y flota hasta la gran vía donde están aparcados todos los coches. Algo similar ocurre en las neuronas, ya que el óxido nítrico envía señales a la primera neurona, actuando como una señalización retrógrada.

Ahora hay más gente que llega al estadio para ver a Beyoncé.[c] Esta plasticidad, o cambio, puede tardar semanas en desarrollarse completamente, pero deja al cerebro con una base para nuevos recuerdos a largo plazo. Todo este proceso es la potenciación a largo plazo, y la plasticidad se refiere al hecho de que las vías siempre tendrán esas puertas adicionales preparadas, y funcionando de forma más eficiente, la próxima vez que desees recordar. La sinapsis ha cambiado permanentemente. ¡Ya tienes una memoria nueva!

A veces, no hay mucha gente que quiera ver a Beyoncé, por lo que estos cambios no llegan a producirse. En este caso, el cerebro puede olvidar incluso que el concierto ha tenido lugar. Esto se llama depresión a largo plazo, o DLP, y ocurre en el cerebelo para cosas como aprender a caminar o montar en bicicleta, porque no queremos recordar cómo nos caemos – solo queremos conservar los recuerdos de cuando nos mantenemos en pie y tenemos éxito.

---

[c] Dentro de la neurona, el concierto equivaldría a un aumento de los iones de calcio, que provocan cambios dentro de la neurona para ayudar a crear una memoria.

La potenciación a largo plazo es un proceso de varios pasos, pero conduce a la adaptación neuronal a lo largo del tiempo.

Sin embargo, una nota importante es que esto es un comportamiento inconsciente y no algo que podamos utilizar nosotros mismos – aunque estoy seguro de que todos deseamos tener la capacidad de olvidar los recuerdos que no queremos guardar. Por lo que nos dice la ciencia, los recuerdos a largo plazo nunca nos abandonan – siempre están almacenados en alguna parte, aunque sean difíciles de recordar.

EL MIEDO

Aunque hablamos del hipocampo como algo necesario para crear recuerdos, la realidad del cerebro es que es mucho más compleja. Somos seres emocionales y, por ello, vinculamos las emociones a nuestros recuerdos. Así que, aunque el lóbulo temporal (el área de la memoria) es importante para crear los recuerdos, tiene conexiones con otras partes de nuestro cerebro: partes que nos dirán si es un recuerdo feliz, y nos harán sentir bien, o una parte de nuestro cerebro que recuerda un olor particular (como un perfume, o el de las velas que solo se usan en Navidad), que ayudará a desencadenar los recuerdos asociados a ese estímulo. Si a menudo olemos o probamos algo que nos trae un recuerdo asociado a ello, es porque estamos activando esas conexiones cerebrales específicas y desencadenando todo el recuerdo.

También tenemos el lóbulo frontal de nuestro cerebro, que incluyen la corteza prefrontal y la corteza cingulada anterior, que actúan como el jefe de la biblioteca, quién revisa los libros de la biblioteca antes de que los saques, para asegurarse de que encajan con el propósito que quieres (es decir, dan contexto y significado al recuerdo). De la misma manera que recordamos acontecimientos felices de nuestra vida, también podemos recordar cosas que nos han asustado. Esencialmente, aprendemos a tener miedo de cosas que podrían ser peligrosas para nosotros. La amígdala, una pequeña área situada en la parte superior del tronco cerebral, desempeña un papel importante en nuestras emociones y en el miedo, con conexiones a muchas otras áreas de nuestro cerebro que ayudan a dar contexto a este miedo. Por ejemplo, ¿tenemos miedo solo porque estamos viendo una película y, en realidad, nada puede hacernos daño? Si es así, nuestros centros lógicos explicarán al resto del cerebro que no queremos que ese miedo se convierta en un recuerdo traumático (no siempre acierta, lo que puede provocar miedos patológicos y ansiedad). En cambio, nuestro cerebro también decide si una situación de miedo o peligro, como ser atacado en un callejón oscuro, debe ser recordada. Así, para la próxima vez, reconocemos el peligro y desarrollamos un miedo apropiado a los callejones oscuros de noche, gracias a nuestra amígdala, la CPF y el hipocampo, entre otros.

Un hombre llamado H.M.

La forma en que los neurocientíficos han estudiado históricamente el funcionamiento del cerebro es observando a personas que han sufrido lesiones. Una de las formas para obtener una buena fuente de conocimiento es observar lo que ocurre cuando el cerebro está dañado y se aprecian lesiones. En 1953, un hombre de 27 años, llamado Henry Molaison pero al que se refieren por sus iniciales H.M., sufría una epilepsia severa y optó por una operación quirúrgica en un intento de librarse de la enfermedad. La operación tuvo consecuencias trágicas. La extirpación de parte de su lóbulo temporal fue tan extrema que perdió la capacidad de formar nuevos recuerdos. Podía recordar los nombres de amigos y familiares de antes de la operación, pero cualquier persona nueva que conociera era rápidamente olvidada. También perdió los recuerdos de los acontecimientos que le habían ocurrido en los 10 años anteriores a la operación.

Curiosamente, si se le pedía a H.M. que recordara brevemente una serie de números, podía hacerlo con facilidad, pero en cuanto se distraía o empezaba una nueva tarea, lo olvidaba inmediatamente. Gracias a H.M., ahora sabemos que el lóbulo temporal medial es esencial para transformar la información en memoria a largo plazo. Esencialmente, es el bibliotecario silencioso y educado que organiza a dónde van los libros para poder consultarlos fácilmente más adelante. Otros estudios nos han demostrado que otras áreas además del hipocampo, llamadas núcleo caudado y putamen (núcleo lenticular), son increíblemente importantes en el aprendizaje y la memoria, y lo mismo se ha observado al estudiar los cerebros de campeones mundiales de la memoria (sí, eso es algo real y es fantástico). Aunque trágico, aprendimos mucho de H.M. sobre cómo el cerebro transfiere los recuerdos al almacenamiento a largo plazo e irónicamente, nunca será olvidado por ello.

SI SABEMOS TODO ESTO, ¿PODEMOS MEJORAR NUESTRA MEMORIA?

¿Con qué facilidad recuerdas el día de una boda, o eventos deportivos en directo, o incluso un accidente de coche? ¿Tienes que esforzarte para recordarlo, o lo recuerdas con facilidad? ¿Y qué me dices de una conversación que tuviste con un amigo un martes cualquiera hace un año – recuerdas de qué hablaron?

Algunas cosas que nos suceden parecen quedar grabadas para siempre en nuestra memoria (para bien o para mal) y sin mucho esfuerzo. Hay una razón para ello. A nuestros cerebros les encanta aprender cosas nuevas y responden bien a los eventos con alto contenido emocional que involucran muchos de nuestros otros sentidos (sonido, visión, etc.). Esto habría cumplido una función esencial a lo largo de nuestra evolución. Si por casualidad nos encontráramos con una masa de agua inesperada de la que pudiéramos beber, nuestro cerebro querría recordarla. O tal vez atravesamos una zona peligrosa llena de depredadores que tendríamos que evitar en el futuro. Los sucesos que activan nuestras respuestas emocionales, como estar muy emocionados al ver agua, son codificados más fácilmente por nuestro cerebro, listos para la próxima vez que la información pueda ser necesaria. Si el cerebro no lo considera novedoso o especialmente interesante (como una conversación que ya se ha mantenido cientos de veces), no provocará una respuesta sustancial en nuestras neuronas, dejando que nuestro cerebro se centre en cosas más importantes.

Los campeones mundiales de memoria utilizan este conocimiento de la neurociencia en su beneficio. El cerebro puede recordar una secuencia de números (menos de 10) durante un breve periodo de tiempo antes de olvidarlos. Si alguien quiere retenerlos durante mucho más tiempo, puede repetir los números una y otra vez con la esperanza de que se codifiquen en la memoria a largo plazo. Esto funciona porque el estímulo repetido acabará reforzando las sinapsis, pero es muy lento y muy aburrido para el cerebro. En cambio, los campeones de la memoria usan técnicas como pensar en una imagen, escena o persona y la asocian con un número concreto (también funciona con cosas que no son números). El campeón mundial de memoria Ryu Song puede recordar casi 7.500 dígitos binarios (solo 1s y 0s) en solo 30 minutos. Gracias a años de práctica, se ha demostrado que los cerebros de los atletas de la memoria (el término oficial) cambian para adaptarse a esta memoria sobrehumana. Los escáneres cerebrales de imagen por resonancia magnética funcional (IRMf) revelan que tanto el hipocampo como el núcleo caudado aumentan de tamaño y que hay una mejor conectividad entre ellos.[41] Esta medida con IRMf fue tan precisa que los investigadores pudieron predecir las clasificaciones en los campeonatos de memoria basándose únicamente en el tamaño del cerebro.

Como los escáneres se realizaron a personas que ya habían dedicado años a entrenar la memoria, se desconoce si tenían una conectividad superior (la facilidad con la que las regiones del cerebro se comunican entre sí) o si el tamaño del cerebro antes de convertirse en atletas de la memoria era superior. Sin embargo, se podría poner en duda que fuera así. Es mucho más probable que hayan nacido con un cerebro normal, pero con la exigencia añadida de sus ejercicios de memoria, sus cerebros se desarrollaron de esta manera.

Esto significa que tú mismo puedes mejorar tu propia memoria con las mismas técnicas que utilizan los campeones de la memoria. El truco consiste en imaginar algo único, muy extraño, y que involucre otros sentidos como el olfato y el gusto (imaginar un trol maloliente montado a caballo podría utilizarse para el número 10, por ejemplo). Con el tiempo y la práctica, estas escenas e imágenes exageradas pueden ayudar a una persona a recordar casi cualquier cosa, en cuestión de segundos. Puede parecer extraño, pero para el cerebro, como no suele ver a un trol montando a caballo, querrá recordarlo en un futuro. Otras técnicas de memoria pueden utilizar lugares, como una casa o una ciudad con la que estés familiarizado, porque pueden estar llenos de muchas imágenes creativas que el cerebro reconocerá más fácilmente.

Inténtalo tú mismo. Comprueba si puedes recordar mejor 7.500 números con imágenes divertidas, en lugar de simplemente repetirlos una y otra vez.

¿TIENE UN GENIO UN CEREBRO DIFERENTE?

Nos podríamos preguntar si algunos de nosotros ya nacemos con un cerebro que nos hace estar destinados a convertirnos por ejemplo, en un matemático de renombre mundial o en un artista trascendental capaz de hacer llorar a cualquier persona con una sola pincelada. ¿Están estos rasgos grabados en nuestro cerebro desde el día en que nacemos, o pueden adquirirse, adaptarse y aprovecharse? ¿Tiene un genio un cerebro diferente?

Cuando pienso en la inteligencia, tiendo a pensar en un personaje al estilo de Matt Damon escribiendo ecuaciones en una pizarra, como en la película *El indomable Will Hunting*. Pero hay muchos tipos de inteligencia (la teoría actual dice un mínimo de nueve), como la interpersonal, la lógico-matemática o la musical. En general, la inteligencia viene dictada por lo bien que está conectado el cerebro con otras regiones. Exploremos este concepto un poco más.

Para desarrollar esta pregunta, hablaremos de la inteligencia lógico-matemática, que está más en la línea de la visión tradicional de la inteligencia y el CI (coeficiente intelectual). La neurociencia tiende a estudiar la inteligencia de tres maneras. Una de ellas consiste en examinar la estructura y la función del cerebro – en esencia, ¿Se ve el cerebro de forma diferente según el CI? Otra es la búsqueda de diferencias en el ADN que puedan estar relacionadas con la inteligencia. Y la tercera sería cómo nuestro entorno y experiencias vitales contribuyen a nuestra inteligencia. Lo que significa que si pasamos toda nuestra vida aprendiendo mecánica cuántica, hay muchas posibilidades de que mejoremos nuestro CI.

Es un mito bastante común el que las personas nacen con un nivel de inteligencia determinado, y que no hay mucho que se pueda hacer después. Si no tienes la suerte de nacer con un CI astronómico, entonces mala suerte. ¡Esto no es cierto! Aunque sí hay diferencias en los cerebros de las personas que tienen un mayor nivel de inteligencia. Tienen un aspecto algo diferente.

Pequeños trozos de cerebro extraídos durante cirugías han demostrado que las propias neuronas pueden tener dendritas más grandes (los largos dedos que se extienden de la neurona) que se ramifican en vías más complejas con otras neuronas.[42] Lo que es más, las regiones del lóbulo frontal y temporal del cerebro, ampliamente consideradas como la fuente de gran parte de nuestra inteligencia, son más grandes en las personas con un mayor nivel de inteligencia. Ambas medidas se han correlacionado con el CI. Dicho de otro modo, un cerebro más grande y complejo ayudará a que una persona sea más inteligente.

Si este fuera el caso, se espera que la tendencia continúe y que las personas con un cerebro más grande sean las más inteligentes entre nosotros, ¿verdad? Un grupo de investigación analizó múltiples estudios diferentes sobre el tamaño del cerebro y el CI, examinando más de 8.000 cerebros, y de hecho confirmó que un cerebro más grande es un factor que contribuye positivamente a la inteligencia.[43] Sin embargo, antes de que nos adelantemos, el tamaño del cerebro es solo una de las numerosas variables que contribuyen a predecir la inteligencia, sin mencionar que lo importante es el tamaño relativo del cerebro en comparación con el tamaño corporal. Los investigadores se apresuraron a reconocer que, aunque es un factor, en realidad el tamaño del cerebro no supone una gran diferencia – el verdadero impacto proviene de lo bien interconectado que está el cerebro y de la facilidad con la que habla con todas las otras regiones.

Esta conectividad cerebral es el secreto de muchas hazañas brillantes del cerebro y, según nos enseña la neurociencia, es la verdadera razón por la que desarrollamos una mayor inteligencia. Las resonancias magnéticas nos dicen que cuando determinadas regiones del cerebro, como la ínsula anterior y la circunvolución occipital media,[a] están bien conectadas con el resto del cerebro, la información puede fluir con mayor libertad y eficacia, lo que hace que nuestro cerebro sea un poco más brillante.[44] Esto permite que los mensajes inteligentes tengan prioridad a la hora de abrirse paso por el cerebro – algo así como tener un amigo que es un genio en marcación rápida mientras los demás están en la lista de contactos normal. Los escáneres cerebrales también han revelado que las conexiones más débiles entre otras áreas que pueden proporcionar información que nos distrae o es irrelevante para la tarea que se está realizando también pueden crear una red neuronal más eficiente favoreciendo mayor inteligencia.[b]

---

[a] La ínsula anterior es importante en aspectos como la conciencia de uno mismo y la toma de decisiones, y la circunvolución occipital media desempeña un papel importante en nuestra conciencia espacial, es decir, en el procesamiento de nuestro propio cuerpo y otras cosas tridimensionales en nuestra mente.

[b] En particular, las conexiones con el lóbulo parietal inferior, implicado en la percepción de las emociones, la atención y el lenguaje. También la circunvolución frontal superior, importante en las funciones cognitivas superiores y los recuerdos, y la unión temporoparietal, que tiene muchas funciones relacionadas con nuestra moral, las matemáticas, la percepción, la atención y las interacciones sociales.

No es cuestión solo de esta conexión con otras regiones del cerebro, sino también dentro de las regiones individuales del cerebro. Imagínatelo así. Estás hablando por teléfono con un familiar lejano que está tomando el sol en una isla en algún lugar exótico. Es estupendo ponerse al día, porque tienes que comprobar si va a venir para las fiestas. Por supuesto, también tienes que hablar con tu familia inmediata, tus padres y hermanos, que son los anfitriones del reencuentro. Hablar con tus padres y hermanos es quizá la parte más importante de aumentar la inteligencia. Si no puedes organizar un encuentro familiar en tu propia casa, no servirá de mucho invitar a familiares lejanos. Cuando tu cerebro consigue hablar con la familia cercana y la familia lejana de forma clara y precisa, tiene grandes implicaciones en el desarrollo de la inteligencia.

EL CEREBRO DE LOS GRANDES MAESTROS

Todo esto está muy bien para la mayoría de nosotros, pero ¿Qué pasa con el cerebro de un genio? Si podemos ver las diferencias entre personas normales en estudios científicos, entonces debería ser posible verlas en el cerebro de alguien como Albert Einstein, por ejemplo.

El cerebro de Einstein es famoso por haber sido estudiado durante décadas (y en contra de sus deseos, debo añadir). Los científicos lo han examinado de todas las formas imaginables y han encontrado una serie de características sorprendentes. El cerebro está formado por neuronas y muchos otros tipos de células diferentes, llamadas células gliales. Éstas hacen muchas tareas diversas para dar apoyo a las neuronas, ayudando en última instancia a que el cerebro rinda al máximo. El cerebro de Einstein tenía mayor densidad de células gliales, sobre todo en las áreas asociadas al procesamiento matemático y a la incorporación e integración de información de diferentes regiones del cerebro.[c] En combinación con una mejor conexión entre los dos hemisferios cerebrales, se cree que estas diferencias en el cerebro de Einstein podrían haber sido responsables de sus famosos y rigurosos experimentos mentales y de sus capacidades intelectuales superiores.

Hay que tener en cuenta que, pese a todos los datos publicados, el estudio del cerebro de Einstein nunca podrá darnos pistas significativas para adentrarnos en la mente de un genio. A pesar de todas las observaciones, sigue siendo solo un cerebro. Para una verdadera comprensión, los científicos necesitarían estudiar cientos de cerebros de genios en alguna disciplina para poder comparar las diferencias. Por otro lado, muchos de los estudios en sí tenían varios fallos que invalidaban algunos de los resultados. Incluso los cambios más significativos que se han observado en el cerebro de Einstein pueden ser simplemente el resultado de toda una vida de aprendizaje y estudio, que se habría traducido en una mejora del cerebro y del coeficiente intelectual. Así que, para todos aquellos que sugieren que el cerebro de Einstein puede ofrecer pistas sobre su genio, hay muchos que sugieren que quizás le estemos pidiendo demasiado a estos estudios de investigación.

Es difícil mirar hacia atrás en la historia y comprender lo que hizo grande a una persona, pero eso no ha desalentado a investigadores en el campo. Leonardo da Vinci está considerado como una de las personas con más talento de la

---

[c] Dos áreas mostraron un mayor número de células gliales: el lóbulo parietal inferior, que está muy implicado en las matemáticas, y el giro angular, que forma parte de la corteza parietal y está implicado en el procesamiento de números, la memoria y la atención.

historia. Famoso por su brillantez como artista, inventor e ingeniero, lo que hizo que su cerebro fuera tan espectacular ha despertado la curiosidad de muchos durante siglos. Según un equipo de científicos, da Vinci podría haber tenido TDAH (trastorno por déficit de atención e hiperactividad), caracterizado por episodios de procrastinación, mente errática y búsqueda incesante.[45]

El grupo sugiere que fue capaz de canalizar positivamente su TDAH para alimentar su creatividad y permitirle dominar su oficio, y también está la hipótesis de que podría haber tenido algún tipo de dislexia, lo que no hizo sino aumentar su originalidad y su aura de misterio. Nunca sabremos la realidad, por supuesto, pero nos recuerda que todo el mundo, independientemente de un cerebro único, tiene el potencial para ser un genio.

¿Podrías convertir tu cerebro en el de un genio? La ciencia nos dice que aprender y desafiarse continuamente mejorará el volumen cerebral, la conectividad y la inteligencia, así como el cerebro se va adaptando a nuevos retos. Según la teoría de la neurociencia de redes, todo el mundo tiene la oportunidad de mejorar su nivel de inteligencia, sea quien sea. Dado que la inteligencia está asociada a la estructura de las redes cerebrales internas (la familia inmediata que organiza el reencuentro en la analogía anterior), el aprendizaje continuado y el exponerse a nuevas experiencias, te dará la mayor oportunidad para mejorar tu inteligencia y tu coeficiente intelectual, y eso es algo que todos podemos hacer, incluso si no tienes un cerebro de «genio».

¿Puede el cerebro realizar varias tareas a la vez?

Cuando se pregunta, la mayoría de la gente siente un gran orgullo al afirmar que son increíbles realizando varias tareas a la vez (multitarea, o multitasking). Aseguran que pueden hacer dos cosas a la vez y hacerlas tan bien que la gente se asombra de lo magníficos que son. Pero ¿Es todo esto cierto? ¿Pueden las personas conducir mientras envían mensajes de texto, o leer un libro mientras escriben un correo electrónico?

Aunque creamos que podemos hacer varias cosas a la vez muy eficientemente, la neurociencia no lo respalda. La multitarea se ha estudiado en el laboratorio de diversas formas que permitieron a los científicos registrar la actividad cerebral. Lo que muestran los datos es que el cerebro solo es capaz de prestar atención a una cosa a la vez. Dos actividades distintas compiten por la misma capacidad cerebral y la misma atención, lo que realmente desafía al cerebro. Como el cerebro no puede hacer las dos cosas a la vez, alterna rápidamente su atención entre ambas tareas[46] – un método que los científicos llaman (de forma poco creativa) cambio de tareas.

El problema de cambiar de tareas es que ambas solicitan al cerebro instrucciones e información relevante sobre lo que se debe hacer. Si queremos leer un libro y escribir un correo electrónico al mismo tiempo, podemos empezar a leer un capítulo, pero cuando volvemos a centrarnos en el correo electrónico, el cerebro tiene que detener las instrucciones que había preparado para la lectura y sacar las pautas para la escritura. Cuando empezamos a escribir, hay un pequeño retraso mientras nuestro cerebro se ajusta después del tiempo de lectura. Al mismo tiempo, necesita averiguar qué información puede ser relevante, por lo que nuestro rendimiento disminuye en cada tarea. Del mismo modo, cuando nuestro cerebro vuelve a la lectura, tiene que reorganizarse de nuevo, lo que provoca una menor productividad tanto en la lectura como en la escritura en comparación con la realización de una sola actividad a la vez. Es como navegar por los canales de televisión. Pasas de un canal a otro y no consigues sumergirte en ninguno de los programas de televisión.

Los motivos de esta respuesta tienen mucho que ver con las áreas ejecutivas del cerebro. La corteza frontal[a] proporciona a nuestro cerebro el control cognitivo general, es decir, decide a qué prestar atención y qué información ha almacenado nuestro cerebro que se podría necesitar. Supervisa lo que hacemos y tiene la última palabra sobre cómo dedicar nuestra atención a la tarea que estamos realizando. Agregar tareas adicionales interrumpe este proceso, lo que significa que nuestro cerebro no puede realizar varias tareas a la vez tan eficientemente.

A medida que envejecemos, la corteza frontal no trabaja con la misma eficacia con el resto del cerebro. La conectividad entre esta región y otras partes es mucho más débil; por ejemplo, entre las regiones de atención y memoria. Esto significa que al cerebro le resulta mucho más difícil cambiar

[a] Las regiones frontoparietales involucradas aquí incluyen la CPFDL y CCA (corteza prefrontal dorsolateral y corteza cingulada anterior). Son responsables de dar prioridad a una tarea y reducir nuestra atención a otras tareas menos importantes.

entre tareas en comparación con cuando éramos más jóvenes.[47]

Sin embargo, para dejaros con un poco de esperanza, decir que nuestros cerebros pueden realizar varias tareas a la vez, si las tareas son de diferente naturaleza. Por ejemplo, no podemos hablar y escribir eficazmente al mismo tiempo, o escuchar un programa de televisión mientras leemos, porque ambas tareas requieren que las áreas del lenguaje funcionen a un alto nivel. Pero nuestro cerebro puede procesar dos flujos de información si las dos áreas de nuestro cerebro implicadas no se solapan. Podemos escuchar música o un audiolibro (por ejemplo, un determinado libro de neurociencia de un inglés encantador) mientras realizamos una tarea motora como correr o caminar – por eso no te caes cada vez que escuchas música cuando sales a correr por la mañana. Así que, si realmente quieres hacer varias cosas a la vez, intenta encontrar formas creativas de combinar actividades que tu cerebro puede manejar por separado.

¿QUÉ ES LA DEPRESIÓN Y CÓMO CAMBIA AL CEREBRO?

La depresión es una enfermedad debilitante con síntomas muy diversos que varían entre las personas. Una descripción breve sería que se trata de un trastorno del estado de ánimo con episodios de pensamientos y emociones negativas. Pero en realidad es mucho más complicado que esto. Se trata de una enfermedad recurrente (el 88% de las personas experimentan más de un episodio) que se infiltra en muchos aspectos de la vida, afectando al estado de ánimo y a la motivación, al sueño o a la concentración, y acaba por dejar más susceptibles a las personas de tener pensamientos suicidas.[a] El número de personas que sufren depresión cada año es sorprendentemente alto: afecta a alrededor del 20% de la población en algún momento de su vida, pero suele aparecer por primera vez entre los 20 y 30 años.[48]

Puede que ya hayas oído hablar mucho o poco de la depresión. Si lo has hecho, lo más probable es que hayas oído que tiene que ver con un desequilibrio de un neurotransmisor del cerebro llamado serotonina. Esta idea surgió por primera vez en el siglo XX, cuando se descubrió que un fármaco utilizado para tratar la hipertensión arterial producía en las personas que lo tomaban síntomas similares a los de la depresión. El fármaco, la reserpina, parecía reducir un grupo

---

[a] Para obtener apoyo, hay una serie de sitios web que pueden ofrecer sus servicios, como telefonodelaesperanza.org en España, consejociudadanomx.org en México y adaa.org en Estados Unidos.

de neurotransmisores llamados monoaminas, que incluyen la serotonina, la dopamina y la noradrenalina (alias norepinefrina para los lectores estadounidenses por aquí). La teoría que subyace a este proceso se denomina acertadamente hipótesis monoaminérgica. Si bien es cierto que durante episodios de depresión hay niveles reducidos de monoaminas en el cerebro, en particular de serotonina, aumentar estos niveles durante el tratamiento no siempre obtiene buenos resultados. La hipótesis de que un nivel bajo de serotonina causa la depresión dista mucho de ser perfecta, pero ha seguido siendo una explicación popular en parte porque muchos fármacos que aumentan los niveles de serotonina han sido eficaces en pacientes.[b] Todos los medicamentos antidepresivos que se comercializan hoy en día aumentan al menos una de estas monoaminas, pero la teoría sigue siendo complicada por la evidencia de que muchos tratamientos tardan mucho tiempo en mostrar algún beneficio, y alrededor del 30% de las personas no parecen responder en absoluto.

Hay un rayo de esperanza. Recientemente se ha aprobado un nuevo fármaco, la esketamine, para su uso en la depresión, y funciona especialmente bien en personas que no se benefician de los antidepresivos normales. Empieza a funcionar después de solo dos horas y puede reducir significativamente los síntomas graves, incluidos los pensamientos suicidas. Es especialmente interesante porque funciona de una forma completamente diferente a otros

---

[b] Cuando se liberan neurotransmisores como la serotonina en la sinapsis, hay receptores en la superficie de las neuronas que absorben el exceso. De este modo, la neurona recibe una señal rápida y no está en un estado de activación constante debido a los neurotransmisores sobrantes que flotan por ahí. Estos receptores de recaptación se bloquean con unos fármacos llamados inhibidores selectivos de la recaptación de serotonina (ISRS). Con los fármacos, ahora hay más serotonina en la sinapsis, lo cual es fundamental cuando los niveles son bajos para empezar.

antidepresivos, ya que altera la forma en que el neurotransmisor glutamato afecta a ciertas vías del cerebro, aumentando en última instancia el factor neurotrófico derivado del cerebro, una proteína que ayuda a las neuronas a crecer, y es algo que trataremos más adelante con más detalle.

Los fármacos no son la única vía en que los científicos intentan tratar la depresión. En la búsqueda de alternativas para tratar a las personas que no se benefician de las terapias tradicionales, se ha probado con gran éxito la droga psicodélica psilocibina. Durante años, se ha sugerido que este alucinógeno puede ser eficaz para tratar cosas como la adicción, la ansiedad, la depresión e incluso ayudar a la meditación. Recientemente, un pequeño ensayo clínico demostró que la psilocibina era eficaz tanto con la depresión como con la ansiedad, probablemente como resultado del aumento de la serotonina y el glutamato en el cerebro.[49] Se necesitarán más estudios con mayor número de participantes, pero los primeros datos son positivos.

CAMBIOS EN EL CEREBRO

Un cerebro sano puede cambiar, y de hecho lo hace, con el tiempo. Forma nuevas conexiones que nos ayudan a aprender cosas nuevas a lo largo de nuestra vida. En caso de depresión, vemos que muchas de esas conexiones se pierden con el tiempo.

Mediante técnicas de imagen cerebral como la resonancia magnética, los científicos han observado que determinadas regiones del cerebro se reducen en la depresión. La región de la memoria del hipocampo y las áreas cercanas que transmiten el significado de los recuerdos (CPF y CCA) son más pequeñas en los pacientes deprimidos. Se reducen debido a la pérdida de la sustancia gris (neuronas y sinapsis), especialmente en las áreas del cerebro responsables de nuestros pensamientos emocionales y de cómo vemos no solo el mundo, sino también a nosotros mismos. El contenido emocional de nuestras experiencias diarias es un aspecto crucial para mantener nuestra salud mental y probablemente tenga un gran impacto en nuestros pensamientos y sentimientos internos durante la depresión.

Otra área, denominada giro dentado del hipocampo, se reduce drásticamente en los pacientes deprimidos no tratados en comparación con los tratados.[50] Esta región del cerebro también forma parte del área de la memoria y ayuda al cerebro a formar nuevos recuerdos. El giro dentado ha recibido mucha atención por parte de los científicos que intentan comprender la relación entre la depresión y nuestra capacidad para conectar contenidos emocionales positivos con nuevos recuerdos de la forma habitual.

EL ESTRÉS – UNO DE LOS MAYORES ENEMIGOS DEL CEREBRO

¿Cómo provoca la depresión cambios en el cerebro? Los científicos no tienen todas las respuestas para esta pregunta, pero lo que sí se sabe es que el estrés crónico podría provocar estos cambios. Lo sabemos porque, entre otras cosas, se han observado regiones cerebrales más pequeñas en el hipocampo y el giro dentado de roedores que experimentan estrés crónico.[51]

El cuerpo es muy sensible al estrés, especialmente al de larga duración, el estrés crónico. El eje HHS (hipotálamo-hipofisario-suprarrenal, o lo que es lo mismo eje hipotálamo-hipofisario-adrenal) es el centro de control del estrés del cerebro y quién envía hormonas para ayudar a mantenerlo bajo control. Una mala regulación del eje HHS durante la depresión conduce a niveles más altos de lo normal de la hormona del estrés, el cortisol. Esto se ha relacionado con una mala respuesta a tratamientos para la depresión y una mayor probabilidad a la recaída. Teniendo esto en cuenta, tendría sentido que los tratamientos se centraran en el eje HHS como forma de intentar restablecer el equilibrio, pero hasta ahora los intentos de modificarlo no han funcionado realmente, lo que significa que los científicos todavía tienen que entender mucho más sobre cómo influye en la depresión.

Un estudio reciente analizó un grupo específico de neuronas dentro del hipotálamo (en el núcleo arcuato o arqueado), que normalmente se activan con la comida, el hambre o las respuestas emocionales.[52] Lo que el equipo de investigación descubrió fue que el estrés imprevisible, como la muerte inesperada de un amigo o familiar, hizo que estas neuronas específicas se volvieran menos activas. Dejaron de funcionar como debían, y ésta puede ser una de las razones por las que los acontecimientos traumáticos aislados pueden hacer que alguien entre en una espiral de depresión. Pero lo interesante es que estas neuronas pueden ser engañadas para que vuelvan a funcionar, y esto ha permitido revertir algunos síntomas de la depresión en animales. Aunque es difícil reproducir el estado anímico en estudios con animales, el equipo que lleva a cabo el estudio cree haber encontrado el eslabón perdido que buscaban. Este subconjunto de neuronas específicas que se desconectan durante la depresión y se activan en las personas que no la padecen puede ser crucial en el modo en que afrontamos los acontecimientos estresantes repentinos. Esto es importante porque, con el tiempo, podrían crearse medicamentos que activaran artificialmente estas neuronas, invirtiendo los síntomas y la neurobiología subyacente de la depresión.

Otro factor importante en el rompecabezas del estrés es el factor neurotrófico derivado del cerebro, o FNDC para abreviar (verás también que muchos usan la forma abreviada BDNF que son sus siglas en inglés). Se trata de una proteína que mantiene vivas las neuronas y las anima a crecer, y además es crucial para ayudar al cerebro a lidiar con el estrés. Cuando los niveles de FNDC son más bajos de lo normal, somos más vulnerables a los efectos del estrés en nuestra salud. Además, los niveles de FNDC se reducen en el cerebro durante la depresión y aumentan cuando se toman antidepresivos, coincidiendo con los síntomas del paciente. Gracias a observaciones como éstas, los científicos creen que el FNDC puede influir en la reducción de las regiones del cerebro durante la depresión. Todavía tenemos que entender por qué cambia el FNDC en determinadas personas, aunque a veces los cambios se deben a que el ADN que lo codifica está ligeramente alterado. Esta alteración hace que el ADN de cada neurona sea diferente, lo que provoca problemas posteriores que, en última instancia, conducen a la pérdida de la sustancia gris y al encogimiento de ciertas regiones del cerebro. Este proceso se ha observado sistemáticamente en el hipocampo – una zona importante no solo para la función de la memoria, sino también para nuestra capacidad de empatía. La influencia de la alteración del FNDC es tan grande que el mero hecho de tener este cambio aumenta las posibilidades de desarrollar una depresión en algún momento de nuestra vida.

Aunque los científicos creen que puede haber un componente genético asociado a la depresión, es decir, que el ADN desempeña un papel, porque los familiares cercanos tienen hasta tres veces más de posibilidad de desarrollar depresión, aún no está claro por qué algunas personas la padecen y otras no. O por qué algunas personas pasan por múltiples episodios a lo largo de su vida o se muestran resistentes a muchos tipos de tratamiento. Los riesgos genéticos solo hacen que una persona tenga una mayor susceptibilidad a la depresión, en lugar de garantizarla, sin embargo – los genes no son el único factor determinante.

El estrés de los primeros años de vida desempeña un papel importante en el desarrollo de la depresión en la edad adulta. Puede provocar cambios en el funcionamiento de nuestros genes, un campo de estudio llamado epigenética. Por ejemplo, este estrés puede afectar al funcionamiento del FNDC en nuestro cerebro y alterar las neuronas del eje HHS. Un estudio que analiza el tejido cerebral post-mortem ha mostrado incluso cómo el abuso infantil puede hacer que los largos axones de las neuronas pierdan parte de su aislamiento (lo que les ayuda a transmitir mejor las señales) en la CCA.[53]

No es solo el ADN con el que nacemos, sino cómo nuestro cuerpo maneja el estrés y los traumas, lo que puede tener importantes consecuencias para nuestra salud mental.

¿POR QUÉ EXISTE UN VÍNCULO ENTRE LA DEPRESIÓN Y LAS ENFERMEDADES CARDÍACAS?

Puede resultar un poco sorprendente escuchar que la depresión crónica está relacionada con enfermedades cardíacas. Hasta donde sabemos, no hay evidencia sólida que sugiera que los cambios que ocurren en el cerebro durante la depresión causen directamente enfermedades cardíacas. De manera similar, los científicos tampoco creen que los cambios en el eje cerebro-intestino conduzcan directamente a una enfermedad cardíaca, entonces, ¿qué está pasando?

Se sospecha que cuanto más tiempo una persona sufre de depresión existe un mayor riesgo de desarrollar una enfermedad cardíaca debido a los efectos adicionales que la depresión tiene sobre el estilo de vida. El bajo estado de ánimo y la falta de motivación, con el tiempo, pueden llevar a un estilo de vida más sedentario y una caída en los estándares de autocuidado, particularmente en lo que respecta a la dieta y a la nutrición. La depresión severa puede dejar a una persona con pocas ganas de comenzar una nueva rutina saludable, cocinar o incluso salir de casa.

Como ya hemos visto, los cambios en el cerebro pueden tener un efecto real y contribuir a niveles más bajos de recompensa, motivación y planificación anticipada. Por lo tanto, se ha sugerido que el vínculo entre la enfermedad cardíaca y la depresión es el resultado de un estilo de vida poco saludable durante muchos años, lo que eventualmente contribuye a problemas de salud.

El ejercicio

La buena noticia es que hay muchos científicos y profesionales médicos muy inteligentes que están decididos a encontrar nuevas formas de ayudar. Aunque los neurocientíficos han descubierto algunos mecanismos relacionados con el desarrollo de la depresión, como un desequilibrio de neurotransmisores (la hipótesis monoaminérgica), el estrés o incluso nuestro ADN, la inmensa variabilidad entre los pacientes sugiere que hay una cantidad considerable de efectos del estilo de vida que desempeñan algún papel en el avance de la depresión.

Lo que se conoce como medicina del estilo de vida, destinada a mejorar cualquier factor adicional, como la dieta, el ejercicio, el estrés social o laboral y el sueño, ha demostrado ser tan eficaz en el tratamiento de la depresión moderada como el tratamiento con medicamentos.[54] La idea aquí es que debido a que una persona puede ser más susceptible a un estado emocional negativo solo por las dificultades de la vida, esto puede dejarla más vulnerable a la depresión. Por lo tanto, si podemos eliminar algunas de esas susceptibilidades, es posible que se reduzca la probabilidad de desarrollar una depresión severa, ofreciendo al menos algún beneficio.

Tomemos como ejemplo el ejercicio físico. El ejercicio ha sido calificado como el cambio de estilo de vida más beneficioso para mejorar los síntomas de la depresión. Lo que es aún más interesante es que se ha demostrado que el ejercicio aumenta el tamaño del hipocampo, la CCA y la CPF en el cerebro.[55] Como hemos comentado antes, estas áreas son especialmente importantes porque su volumen se reduce con la depresión, lo que puede sustentar algunos de los procesos que causan los síntomas. La depresión frena la generación de nuevas neuronas, un proceso llamado neurogénesis, que es regulado por nuestro viejo conocido, el FNDC. Lo emocionante de la idea del ejercicio es que se ha demostrado que promueve el FNDC y que realmente aumenta la neurogénesis en el cerebro.[56]

Otros tratamientos relacionados con cambios de estilo de vida están diseñados para centrarse en diferentes aspectos de los que pueden sufrir las personas, y un ejemplo, es la terapia con animales,[57] cuyo objetivo es mejorar las emociones positivas y aumentar los niveles de serotonina. Al interactuar con mascotas o animales, los niveles de depresión y ansiedad pueden reducirse significativamente. Aunque los primeros indicios sobre su potencial son impresionantes, aún queda por saber cuál es la mejor manera de utilizar este tipo de tratamiento. Por ejemplo, cuales animales usar, durante cuanto tiempo o con qué frecuencia y si deben utilizarse en combinación con otras estrategias, como medicamentos tradicionales, serían preguntas que necesitan todavía respuesta.

Naturalmente, el uso de tratamientos basados en el estilo de vida por sí solos puede no ser suficiente para algunas personas, especialmente para aquellas con síntomas de depresión más graves, pero las investigaciones nos llevan a pensar que cuando se utilizan en combinación con otros tratamientos (la combinación precisa dependería de cada persona) pueden ofrecen efectos beneficiosos.

¿QUÉ OCURRE EN EL CEREBRO DURANTE LA MEDITACIÓN? ¿EXISTEN BENEFICIOS REALES?

En los últimos años, el *mindfulness* (la conciencia o atención plena) y la meditación y la meditación se han hecho cada vez más populares entre aquellos que buscan una forma de reequilibrar sus pensamientos internos en un contexto de trabajo y vida cada vez más frenéticos. Los potenciales beneficios parecen ser excelentes – dormir mejor, reducir la ansiedad y mejorar la concentración – pero ¿funcionan realmente?

Existen innumerables libros, cursos y artículos en revistas que guían a una persona de novato a experto en muy poco tiempo, haciendo grandes afirmaciones al respecto. Sin embargo, existe el peligro de crear mucho bombo sobre todas las tendencias de moda que la ciencia no puede respaldar con ninguna prueba sustancial.

Entonces, ¿qué nos dice realmente la ciencia sobre esto? ¿Altera la meditación al cerebro de alguna manera, ya sea a corto plazo o con efectos duraderos? ¿Merece la pena dejar el trabajo de 9 a 5 y convertir tu casa en un templo de meditación y contemplación pacífica?

Hay muchos tipos diferentes de meditación, cada uno con sus propios beneficios, así que nos ceñiremos a la meditación tipo mindfulness en esta pregunta. Este tipo de meditación supone un proceso en el que aprendes a prestar atención a tus pensamientos y sentimientos de una manera muy particular, con más propósito y sin juzgar. En otras palabras, es una forma de despejar tu mente lo suficiente como para que puedas centrarte en lo que sientes física, mental y espiritualmente.

Toda la base de la meditación se construye con la idea de que se pueden reajustar algunas de las redes neuronales del cerebro que conectan las áreas emocionales con los centros más conscientes – más o menos lo que se considera el pensamiento interior. En la neurociencia, esto se llama la red de modo predeterminado (DMN por sus siglas en inglés).[a] Básicamente, es lo que hace el cerebro cuando no le das nada que hacer – cuando está en marcha, esperando a que ocurra algo en lo que ocuparse. Puede que pienses que si realmente no estás haciendo nada como, por ejemplo, leer o hablar, tu cerebro tendrá un tiempo de inactividad y se relajará. ¡Pero no es así! En reposo, el cerebro representa alrededor del 20% de todo el consumo de energía del cuerpo, lo que significa que la DMN es realmente muy importante y puede estar muy activa, sobre todo en trastornos del estado de ánimo como la depresión. Esta red de nuestra conciencia y respuestas emocionales es responsable de cosas como la autorreflexión, el pensamiento espontáneo y la divagación de la mente. Sí, ¡existe un proceso cerebral real para dejar a la mente divagar!

Durante la meditación, los ejercicios ayudan a reducir la actividad de la DMN entre algunas de las regiones más influyentes de esta red, como la amígdala. La amígdala está relacionada con muchos procesos emocionales. Antes se pensaba que era el centro del miedo y nada más, pero ahora la

[a] La DMN es una serie de regiones cerebrales que están activas cuando el cerebro no tiene ninguna tarea, y tranquilas cuando el cerebro está ocupado haciendo algo. No es necesario memorizar todas las regiones, pero la DMN incluye la corteza cingulada posterior, la corteza temporal lateral, la CPF medial, la corteza parietal, el precúneo y el hipocampo.

vemos como una importante región de control de las respuestas emocionales. Como la meditación reduce la actividad de la DMN, se ha demostrado de forma fiable que ayuda con los sentimientos relacionados con la depresión, especialmente con la autorreflexión y los pensamientos negativos recurrentes.[58] De hecho, la práctica de la meditación puede ser tan positiva que puede reducir las tasas de recaída en episodios depresivos.[59]

Los beneficios para la depresión de la práctica a largo plazo de la meditación también pueden estar relacionados con un aumento de la sustancia gris (la neurona y sus sinapsis) en la corteza frontal del cerebro. Nuestros pensamientos conscientes se generan aquí, y al centrarse en los pensamientos internos mientras se medita puede ayudar a aumentar la densidad de las células cerebrales. El aumento de la sustancia gris implica más cantidad de neuronas y sinapsis, lo que puede ayudar a mejorar la capacidad de autorreflexión y de reconocimiento de diversos estados emocionales. Esto es importante porque los escáneres cerebrales realizados durante los episodios de depresión suelen mostrar un encogimiento de las regiones cerebrales que se han relacionado con la gravedad de los síntomas (para recordarlo rápidamente, no dudes en volver a consultar la pregunta sobre la depresión). Además de todo esto, también se ha demostrado que la meditación aumenta los niveles de serotonina en el cerebro, que son el objetivo principal de los antidepresivos. El mero hecho de sentarse y meditar puede ser suficiente para alterar el cerebro de forma permanente.

También existe un beneficio fundamental para las personas que sufren ansiedad. Un análisis que examinó casi 50 estudios sobre la ansiedad sugirió que la meditación podría utilizarse para mejorar con éxito los síntomas en tan solo ocho semanas.[60] También hay algunas pruebas de que podría ser beneficiosa en el trastorno de estrés postraumático, el TDAH y los trastornos de conducta alimentaria, y se ha relacionado con mejores niveles de atención en la vida cotidiana, especialmente si se ha practicado meditación durante años.[61]

Sin embargo, hay que tener cuidado. Investigaciones recientes empiezan a sugerir que también puede haber experiencias negativas y desagradables durante la meditación. Cuando más de 1.200 practicantes habituales de meditación describieron su experiencia, más del 25% declaró que ocasionalmente había tenido una experiencia desagradable, que a menudo implicaba pensamientos negativos repetitivos durante algunas de sus rutinas de meditación.[62] Lo que es interesante, y aún no se ha explicado, es que la mayoría de estas personas se formaron en varios retiros de meditación, en lugar de enseñarse a sí mismas en casa.

Sin embargo, no tengas miedo, porque esta experiencia de meditación perturbadora, aunque es común, está relacionada en gran medida con el tipo de meditación, como el estilo Vipassana, que se centra intensamente en el conocimiento de la propia psique. En otras palabras, estas experiencias angustiosas surgen de los diferentes enfoques personales sobre cómo expresamos y procesamos nuestras experiencias emocionales, y rumiarlas durante la meditación puede provocar a veces reacciones desagradables.

La razón por la que la meditación puede afectarnos tan poderosamente es porque la DMN es un factor muy influyente en nuestra regulación emocional. Piensa en todas las veces que has estado sentado sin hacer mucho, y en lo activa que se mantiene tu mente durante todo el tiempo. Aprender a reconocer estos pensamientos y encauzarlos hacia un proceso más manejable, como ocurre con la meditación, está ligado a impactar en muchas áreas de tu estresante vida diaria. En la mayoría de los casos, esto es beneficioso para los practicantes, pero, por desgracia, también puede ser la razón de algunos de los pensamientos desagradables que algunas personas experimentan.

Si quieres probarlo, ¿por qué no usar la música para ayudarte? La música novedosa y desconocida, repetitiva y melódica, ayuda a aumentar el beneficio emocional de la meditación – ¡lo que solo puede ser bueno!

¿Tienen los hombres y las mujeres cerebros diferentes?

Parece una pregunta sencilla de responder. Escanea el cerebro, pasa algunas pruebas y voilà ¡ya tienes la respuesta! Sin embargo, por cada artículo publicado que describe diferencias importantes entre los sexos, hay un número igual de estudios que nos dicen que no hay diferencias, o al menos, que las diferencias son mucho menores de lo que se hace creer a la gente.

La verdad es que la ciencia moderna todavía no ha ofrecido un argumento concluyente para ninguna de las dos suposiciones, lo que nos dice que, aunque puede haber diferencias individuales dentro de cada estudio, no hay ninguna diferencia sustancial entre el cerebro de un hombre o de una mujer – o al menos ninguna que se note en la vida cotidiana.

El impacto de nuestro entorno (en términos científicos, se trata de cualquier cambio en el cuerpo que no esté causado por tu código de ADN) en la forma en que cambiamos y nos adaptamos ha hecho que se establezcan marcados roles de género. A menudo se piensa que las mujeres son más emocionales, empáticas y cariñosas, mientras que los hombres están más orientados hacia la lógica y el pensamiento crítico. Estos prejuicios se trasladan sigilosamente a los propios estudios científicos, ya que queremos encontrar las diferencias para apoyar nuestros puntos de vista, lo que hace que la interpretación de algunos datos científicos sea un poco más difícil.

Hay un equipo de investigadores de EE.UU., uno de los muchos, que utilizan imágenes cerebrales para observar la conectividad entre los dos lados del cerebro (hemisferios) en hombres y mujeres.[63] Este equipo ha encontrado diferencias entre los sexos, detallando cómo los cerebros masculinos tendían a estar bien conectados dentro de cada hemisferio individual, y los cerebros femeninos estaban mejor conectados entre los dos hemisferios, una diferencia que se sugiere que está relacionada con los niveles de estrógenos. Sin embargo, este estudio solo analizó el cerebro durante la etapa de la adolescencia, una época en la que el cerebro experimenta un gran desarrollo, por lo que podría no explicar con exactitud las diferencias en los cerebros en adultos.

Además de los estudios que demuestran una conectividad bien organizada entre los dos hemisferios cerebrales en mujeres, lo que haría que los mensajes se coordinaran de forma más eficiente en todo el cerebro, numerosos estudios sugieren que hay mucha más sustancia gris en los cerebros femeninos.[64] La sustancia gris es donde están las neuronas, las células gliales y las sinapsis, en contraposición a la sustancia blanca, donde están los largos axones recubiertos de mielina de las neuronas. Curiosamente, las mujeres tienden a tener mejores resultados después de lesiones cerebrales que los hombres, y se cree que es debido a cómo los estrógenos influyen en las células gliales de las mujeres. Se sabe desde hace tiempo que los estrógenos pueden ser protectores para el cerebro, ayudando a reducir la inflamación, pero también se ha observado que ayudan a crear más células gliales, hasta en un 30% más, ayudando a la recuperación de las lesiones cerebrales traumáticas.[65]

Se ha sugerido que el aumento de sustancia gris en las mujeres se centra en áreas como la CPF medial, la corteza orbitofrontal (COF) y la ínsula posterior, mientras que los hombres tienden a tener más sustancia gris en la corteza visual, el cerebelo y las áreas motoras.[66] La opinión más consistente, por otro lado, es que cuando los resultados se ajustan adecuadamente al tamaño relativo del cerebro y a la edad, las diferencias no están tan claramente marcadas. Esto es sorprendente si se tiene en cuenta un estudio realizado por un equipo en España que declaró que las mujeres superaban a los hombres en la coordinación motora fina y en la capacidad de lectura y escritura, pero la medición de características como estas depende en gran medida de factores que no pueden controlarse en un entorno de laboratorio.[67] Por ejemplo, el desarrollo de una persona a lo largo de su vida, sus intereses, aficiones, aprendizaje y experiencia, afectarán a estas características.

A pesar de que se observan constantemente muchas diferencias estructurales, el problema subyacente es que hay pocas diferencias funcionales. Esto significa que, aunque algunas estructuras puedan mostrar diferencias observables en las imágenes cerebrales, en realidad no traslada a efectos prácticos – desde luego nada que pueda notarse de forma evidente.

Las diferencias medibles son lo suficientemente específicas como para que Mireille Nieuwenhuis y sus colegas describieran la posibilidad de distinguir el cerebro masculino del femenino solo por las diferencias en la estructura cerebral.[68] En contraste con esto, un estudio que analizó a casi 250.000 personas no encontró diferencias entre los cerebros y, además, las pequeñas desviaciones observadas dentro de los estudios dependían del tipo de prueba realizada, obteniendo resultados diferentes cada vez.[69] Este fue especialmente el caso cuando los investigadores trataron de probar estas diferencias con tareas cognitivas. En otras palabras, si se da un libro sobre Shakespeare a un grupo de mujeres y otro sobre Harry Potter a los hombres, se observarán diferencias en la forma en que cada uno lo describe y se relaciona con el libro. Francamente, eso no significa realmente que los cerebros sean diferentes en cada sexo. A algunos simplemente les gustará más Harry Potter que Shakespeare.

En la literatura científica aparecen muchas diferencias entre los dos sexos como resultado de las diferencias en el tamaño del cerebro. En promedio, los hombres tienen un 11% más de tamaño cerebral, lo que, según algunos científicos, se traduce en un mayor número de neuronas y una mayor inteligencia o coeficiente intelectual.[70] Pero -y es un gran pero- si los datos se ajustan al tamaño relativo del cerebro con respecto al cuerpo, estas diferencias desaparecen. Cuando lo miramos desde un planteamiento más forense, no hay absolutamente ninguna diferencia en el coeficiente intelectual entre los cerebros, independientemente del sexo. Esto se ha demostrado consistentemente.[71]

Sin embargo, los hombres y las mujeres son diferentes, así que ¿qué pasa con las hormonas? Está claro que hay diferencias hormonales entre ambos sexos. Los estrógenos y la progesterona se observan predominantemente en las mujeres, mientras que la testosterona subyace a muchos patrones de desarrollo en los hombres (aunque tanto los hombres como las mujeres tienen presentes todas estas hormonas – sí, los hombres tienen estrógenos). Los cambios hormonales en los períodos de desarrollo pueden explicar las diferencias, sobre todo entre los participantes más jóvenes.

Pero las disparidades también se deben a los efectos del estilo de vida que hacen que el cuerpo y el cerebro cambien a la larga (lo que se denomina cambios epigenéticos). Esto es importante porque es una de las razones por las que no vemos diferencias funcionales fiables entre los sexos: el cerebro se adapta y se reconfigura para realizar una tarea y obtener los mismos resultados que otro cerebro. En todo caso, describe cómo la plasticidad del cerebro puede programarse de una de las muchas maneras de cablear el cerebro para conseguir el mismo resultado.

Los cerebros pueden parecer estructuralmente diferentes, pero lo compensan y funcionan tan bien el uno como el otro. La investigación experimental nunca puede reproducir las diferencias individuales en los seres humanos, y el consenso general en la investigación es que, aunque puede haber variaciones sutiles en los cerebros de hombres y mujeres, también hay mucho solapamiento y variación individual, lo que hace que no haya diferencias entre los dos sexos.

¿QUÉ ES NUESTRA CONCIENCIA?

Puede parecer obvio explicar a alguien que uno es consciente. Es decir, hablas, piensas, ríes y sonríes, lees libros de neurociencia, así que eres consciente – ¿no?

Normalmente, definiríamos la conciencia como la percepción del mundo que nos rodea y nuestra experiencia personal e interacción con el resto del mundo. Aunque tenemos una conciencia intrínseca que podemos reconocer y experimentar el mundo conscientemente, cuando llegamos a definir lo que eso significa científicamente, las cosas se vuelven mucho más complicadas.

Por ejemplo, si nosotros, como humanos, somos conscientes, ¿hasta qué punto lo son los animales? ¿Es el mismo nivel de conciencia que el nuestro? ¿Y los árboles? ¿Y la silla en la que te sientas? Vale, ¿y qué hay de un ordenador que piense y hable como nosotros? ¿Dónde trazamos la línea y cómo definimos la conciencia de una manera que se ajuste a un libro de neurociencia?

Una de las razones por las que a los científicos les resulta tan difícil demostrar o definir la conciencia es el número extraordinariamente elevado de interacciones en el cerebro. Cada interacción influye en su propio conjunto de interacciones, y esto junto con las definiciones extremadamente subjetivas de una experiencia, hace que sea algo muy complejo de estudiar. Lo que los neurocientíficos necesitan son marcadores de conciencia. Cosas que el cerebro o el cuerpo hagan y que nos digan: «Sí, eso es, somos conscientes y estamos viviendo la buena vida ahora mismo».

Para medir la conciencia de manera uniforme, tiene que haber una forma de vincular lo que experimentamos durante el día con los mecanismos neuronales dentro del cerebro. Tenemos que ser capaces de ver la conciencia. Para ello es necesario evaluar todos los estímulos que el cerebro recibe del mundo que nos rodea: cosas como las señales auditivas, visuales y verbales, junto con cualquier movimiento que haga el cuerpo. Una combinación de todas ellas formaría una percepción de la conciencia y experiencia consciente propia. Dicho de otro modo, los científicos pueden medir varias partes específicas del cerebro a la vez para ver cómo utiliza toda esa información y si somos realmente conscientes de ella. Eso trabaja bien cuando piensas en la comparación de estar despierto con la de estar durmiendo, o estar en un coma o inconsciente. Nuestra experiencia consciente cambia porque, cuando dormimos, es evidente que no somos conscientes de todo lo que nuestros sentidos perciben, al menos no en la medida en que lo seríamos si estuviésemos despiertos.

Para complicar más las cosas, los científicos no pueden limitarse a utilizar un aparato de EEG para medir las ondas y la actividad del cerebro, porque la conciencia es mucho más específica y sutil que eso. Los resultados de las grabaciones del EEG no se ajustan a la conciencia tan bien como se podría pensar. Esto ha llevado a los científicos a creer que la forma en que experimentamos la conciencia es el resultado de interacciones en regiones más pequeñas y específicas del cerebro que se comunican entre sí, en lugar de un efecto más global.

Lo que sí pueden hacer los neurocientíficos es observar la actividad cerebral cuando una persona está despierta y consciente, en comparación con cuando no lo está, como durante el sueño o bajo anestesia. Las resonancias magnéticas funcionales son perfectamente capaces de distinguir estos cambios en los patrones de actividad cuando una persona recupera la consciencia después de una anestesia.[72] A juzgar por datos como estos, una hipótesis sobre la consciencia afirma que no es más que la forma que tiene nuestro cerebro de interpretar la información que proviene de nuestros sentidos. Hay tanta información que llega al mismo tiempo, que a lo largo de su evolución el cerebro ha aprendido a computar simultáneamente esta información en lo que percibimos como conciencia. No es más que la salida de la información de todo lo que entra a nuestro cerebro. Para ayudarnos a prosperar en nuestro entorno, el cerebro crea un avatar, o una experiencia extracorporal, para consolidar toda esta información. De este modo, podemos pensar de forma más compleja, imaginándonos en el lugar de otra persona, mirándonos a nosotros mismos, y tenemos este avatar o perspectiva en nuestra mente como nuestros pensamientos internos.

Imagina un ordenador. Está formado por un hardware – chips, cables y demás partes de un ordenador. En conjunto, ejecuta un sistema operativo, como Windows, que a su vez ejecuta un programa que quieres, como un procesador de texto. La conciencia puede ser muy similar: las neuronas de nuestro cerebro envían y reciben señales que, colectivamente, forman complejos sistemas operativos, que culminan en un programa, o una experiencia consciente del mundo que nos rodea. Puede que no sea más que señales sensoriales, a gran escala.

¿Y qué hay de nuestro subconsciente? Un experimento de Libet y sus compañeros demostró algo emocionante. Le pidieron a personas que hicieran movimientos sencillos mientras se registraba su actividad cerebral.[73] Lo que demostró fue que el cerebro decide moverse aproximadamente 0,5 segundos antes de que seamos conscientes de ello. Teniendo en cuenta que las neuronas envían señales en milésimas de segundo, medio segundo es un tiempo muy largo en el cerebro (0,5 segundos son 500 milésimas). Este resultado es bastante controvertido. Algunos científicos creen que los métodos utilizados para comprobar este tiempo eran totalmente inadecuados y proporcionaban un resultado que no era ni preciso ni útil. Estudios más recientes han aceptado el resultado, e incluso sitúan el retraso en casi 1,5 segundos, tres veces más de lo que se pensaba en un principio.[74]

Entonces, ¿qué ocurre con este medio segundo? Lo que sugiere es que existe una diferencia clara y definida entre la conciencia subconsciente y la consciente, y que solo somos capaces de percibir una pequeñita parte de este proceso. Podría muy bien ser que nuestro subconsciente, que en muchas ocasiones influye fuertemente en nuestros pensamientos conscientes, sea el verdadero motor de nuestra experiencia consciente, y que nuestros pensamientos internos sean solo la forma que tiene el cerebro de explicarnos algunos de esos detalles. Desde un punto de vista más filosófico, nuestra conciencia podría ser esencialmente un piloto automático para nuestros comportamientos subconscientes, por lo que nunca somos capaces de experimentar una versión completa de la realidad.

En este sentido, los cerebros menos desarrollados, como los de los animales, también poseerían una conciencia, aunque probablemente no del mismo modo que nosotros. Sabemos que los animales experimentan una serie de emociones, tienen alguna forma de «personalidad» e incluso demuestran respuestas emocionales complejas como la empatía. Un mayor nivel de conciencia conlleva una mayor percepción de sí mismo. Los delfines, junto con unos pocos animales como los elefantes y los chimpancés, son algunos de los únicos mamíferos que se reconocen a sí mismos en el reflejo de un espejo, en lugar de suponer que se trata de otro animal cerca de ellos. Este hecho plantea más preguntas sobre el nivel de conciencia de los animales y cómo ellos entienden el mundo.

La comprensión actual de nuestra propia conciencia (que aún es muy escasa) supondría que la conciencia de los animales sería mucho más básica, con conceptos como pensamientos subconscientes y niveles de percepción más complicados en su mayoría ausentes. Los pensamientos fundamentales relativos a la comida, ponerse a salvo y los depredadores podrían presentarse como comportamientos instintivos más que como los experimentamos los humanos, como pensamientos complejos, diálogos internos y decisiones bien fundamentadas, aunque esto variará de una especie a otra. Sin embargo, en realidad, es posible que nunca lo sepamos.

Si la conciencia es realmente un conjunto de entradas neuronales, entonces ¿qué entradas son necesarias? Sabemos que los lóbulos frontoparietales son esenciales para que estemos despiertos y seamos conscientes de nuestras experiencias, pero no sabemos hasta qué punto. Puede que sean más importantes para interpretar nuestra experiencia consciente de nuestros pensamientos internos y comportamientos, pero puede que no sean esenciales en sí mismos para crear la conciencia. Incluso si empezamos a entender algunas de las regiones del cerebro implicadas en la conciencia, necesitaríamos otro nivel de comprensión. Qué tipo de neuronas son esenciales, qué combinación de señalización tiene que producirse y qué patrón de señalización provoca esas experiencias son cuestiones que la ciencia aún tiene que responder.

De hecho, se ha propuesto que la conciencia puede estar a nuestro alrededor en cualquier momento, y que simplemente la experimentamos mientras vivimos nuestras vidas. No existe en nuestros pensamientos, y ciertamente no es creada por nuestra mera presencia, sino que sentimos sus fluctuaciones, como si estuviéramos nadando en un océano de conciencia que podemos sentir y experimentar, al igual que sentiríamos el agua, pero que no es realmente nuestro para explicar o tomar posesión de él.

Si pensamos en la neurobiología de la conciencia, que los científicos creen que es la culminación de nuestras redes neuronales, entonces deberíamos ser capaces de alterar nuestra experiencia consciente a voluntad, ¿verdad? Cualquiera que haya tomado drogas psicodélicas probablemente lo explicaría muy bien. El dormir, las drogas y la anestesia cambian nuestra percepción de la realidad, pero ninguna más que el fármaco dextrometorfano. Provoca efectos secundarios que causan distorsión del tiempo, disociación de las propias experiencias, alucinaciones, euforia y muchos otros efectos psicológicos. Entender cómo producen esos efectos compuestos como el dextrometorfano pueden ayudar a explicar algunas de las razones por las que experimentamos el mundo de la forma en que lo hacemos. Por ejemplo, sabemos que la droga actúa para aumentar la serotonina en el cerebro y, aunque no se entiende del todo, de alguna manera bloquea los receptores de glutamato, que son potentes estimuladores de las neuronas. Este concepto encajaría perfectamente con la neurobiología de la conciencia, que afirma que es simplemente una combinación de actividades neuronales, probablemente una combinación de actividades neuronales que involucran la serotonina y el glutamato.

Por último, algunas personas se refieren a nuestra conciencia como nuestra alma – lo que se requiere para experimentar la vida, y sin ella, morimos. Algunos creen que el alma volverá al más allá en el momento de la muerte, pero los que expresan un punto de vista alternativo dicen que, de hecho, no pasa nada en ese momento cumbre. Simplemente dejamos de existir y no seguimos experimentando ninguna forma de conciencia. Quién sabe realmente qué opción es la correcta, pero lo que realmente me fascina es que cuando se les pide que describan cómo sería, experimentar la nada, la gente casi siempre dice: «Bueno, ¿cómo era antes de que nacieras?». ¡Qué raro! Aunque está claro que no tengo ni idea de lo que ocurre y prefiero no pensar en ello, siempre me resulta extraño que la gente empareje la memoria y la conciencia y asuma que la conciencia no puede existir sin la memoria. Podría ser que, antes de nacer, haya una multitud de experiencias de las que somos conscientes, pero simplemente no tenemos memoria de ellas. Si pensamos en la cuestión de la memoria, la formación de ésta requiere un cerebro y, en su mayor parte, conexiones neuronales con el hipocampo. Sabemos que las personas con lesiones graves que provocan una capacidad de memoria muy limitada siguen siendo conscientes y experimentando la vida.

Pongamos un ejemplo. Si practicas un deporte y sufres una lesión en la cabeza que te provoca amnesia, es posible que nunca recuerdes el partido o el día entero en el que jugaste. Pero seguro que tuviste sentimientos, emociones y una experiencia general, aunque no lo recuerdes. Y estoy razonablemente seguro de que un niño de tres semanas es consciente, independientemente del hecho de que nunca podamos recordar haber sido un bebé de tres semanas. En este sentido, no recordar no descarta la experiencia consciente.

La conciencia es muy subjetiva y ¿quién puede decir lo que realmente es? La ciencia aún no ha dado una respuesta concluyente, así que quizá nunca lleguemos a entenderla del todo.

CAPÍTULO 2

LOS EXPEDIENTES X DE LA NEUROCIENCIA

INTRODUCCIÓN

Esperemos que, después de leer la primera parte de este libro, hayas adquirido una mayor apreciación sobre el funcionamiento de nuestro cerebro y, francamente, de lo poco que entendemos realmente sobre el sofisticado ordenador del cuerpo. Juntos hemos explorado algunas de las bellezas que hay detrás de los intrincados y maravillosos procesos por los que pasa nuestro cerebro cada día. Pero ¿qué ocurre cuando el cerebro no funciona como esperamos?

Como neurocientíficos, somos capaces de observar y registrar la actividad del cerebro y, sin embargo, no apreciamos del todo por qué se produce esta actividad, por lo que el reto de un neurocientífico no es solo observar estas curiosidades, sino preguntarse por qué. ¿Por qué algunas personas recuerdan todo lo que les ha sucedido y otras no? ¿Por qué algunos tenemos el impulso repentino de saltar de un edificio muy alto sin motivo aparente?

Este capítulo explora algunos de los fenómenos más apasionantes y curiosos del cerebro y las consecuencias que podemos experimentar a raíz de ellos. Al estudiar el cerebro cuando no funciona como debería, podemos aprender mucho y empezar a desentrañar una pequeña pieza del rompecabezas, paso a paso. Algunos de los fenómenos que aparecen a continuación son ejemplos perfectos de casos en los que, a pesar de lo impresionante que puede ser nuestro cerebro, se le puede confundir fácilmente, engañar o influenciar. ¡Qué lo disfrutes!

EL FENÓMENO BAADER-MEINHOF

El fenómeno Baader-Meinhof (pronunciado bah-der-main-hof), también llamado ilusión de frecuencia, es algo que estoy seguro de que la mayoría de vosotros ya habéis experimentado en algún momento. El término está relacionado con un incidente ocurrido en 1994, cuando un hombre observó que al oír el nombre Baader-Meinhof (el nombre de un grupo terrorista alemán de los años 70),[a] lo escuchó subsecuentemente en múltiples conversaciones durante las siguientes 24 horas. Tras años de estudiar este fenómeno, en 2006, Arnold Zwicky, profesor de lingüística de Stanford, lo denominó como el fenómeno Baader-Meinhof.

Este fenómeno se produce cuando tu percepción sobre algo específico aumenta durante un breve periodo de tiempo. Suele ocurrir cuando por ejemplo has aprendido recientemente una palabra nueva y te das cuenta de que todo el mundo la utiliza en la conversación, o que aparece con frecuencia en carteles, páginas web o periódicos. Quizá acabas de comprarte un coche nuevo y ahora ves el mismo modelo por todas las carreteras. Por supuesto, también puede ser que la gente haya visto lo bien que te ves conduciendo el coche y haya decidido colectivamente intentar ser tan guay como tú.

Hay una explicación relativamente sencilla para este fenómeno, y está relacionada con la atención que el cerebro dedica a todo lo que nos rodea. En la vida cotidiana recibimos un número extraordinario de estímulos, desde sonidos, olores y colores, cada uno con sus propios detalles sutiles. Pongamos por ejemplo una persona. Podríamos mirarla sistemáticamente de arriba abajo y fijarnos en todo lo que

---

[a] Una referencia a la banda Baader-Meinhof, o Facción del Ejército Rojo, también aparece en una adaptación de 2018 de la película *Suspiria*, por Luca Guadagnino.

tiene que ver con su aspecto – joyas, postura, ropa – o el perfume que lleva. Para el cerebro, esto es a veces demasiada información para procesarla toda en una sola vez, y con todos los múltiples detalles. Por lo tanto, se vuelve selectivo y opta por centrarse en un solo detalle importante en un momento dado. La capacidad de atención del cerebro puede ser sorprendentemente corta, por lo que se excita al encontrar algo nuevo. El fenómeno Baader-Meinhof funciona porque, a medida que el cerebro aprende cosas nuevas, dedica más atención al nuevo elemento en el que te has fijado, como si dijera: «Eh, mira, aquí está otra vez, debe ser importante». Es más consciente del nuevo elemento y le da prioridad sobre otras cosas – lo que significa que si oyes hablar de él en una conversación o lo ves escrito en otro sitio, tu cerebro lo notará fácilmente y sentirás que está por todas partes.

¿Has notado alguna vez este fenómeno? Aprendes una palabra nueva y, de repente, ¡está por todas partes!

INSENSIBILIDAD CONGÉNITA AL DOLOR

A nadie le gusta golpearse el dedo del pie en mitad de la noche, pero esa sensación de dolor es en realidad crucial para enseñarnos que no debemos volver a hacer algo. Esto parece obvio, pero hay una cantidad considerable de programación que llevó millones de años de evolución para desarrollar el sistema de dolor refinado que tenemos hoy en día. El dolor existe como una forma que tiene el cerebro para alertarnos de cualquier peligro que pueda amenazar nuestra supervivencia. Por lo tanto, como no nos gusta el dolor, tendemos a alejarnos de las cosas peligrosas. Al menos la mayoría de nosotros lo hace.

Algunas personas no sienten ningún dolor, independientemente de lo que hagan. La insensibilidad congénita al dolor (ICD) se produce cuando las neuronas que envían mensajes de dolor al cerebro no detectan correctamente un estímulo doloroso y no lo convierten en una señal para transmitir dolor. Estas neuronas se llaman nociceptores, y las señales que envían se denominan potenciales de acción.

Las terminaciones de nuestros nociceptores tienen muchos receptores y «canales». Estos canales se abren o permanecen cerrados, y al hacerlo, alteran la cantidad de iones positivos o negativos que pasan por la membrana de la neurona, por lo que los hemos inteligentemente llamado canales iónicos.[a] Dado que el potencial de acción es una señal eléctrica, estas neuronas dependen en gran medida de los canales iónicos para sincronizar los cambios de voltaje a lo

---

[a] Entre otras cosas, los canales iónicos son responsables de algunas de las propiedades eléctricas de una neurona, como la generación del voltaje necesario para disparar un potencial de acción.

largo de la neurona, que de todos modos es básicamente como un largo cable eléctrico. Una mutación genética[b] que afecte a uno de los canales iónicos sensibles al sodio da lugar a un nociceptor que no puede provocar un cambio de voltaje lo suficientemente significativo como para desencadenar un potencial de acción, por lo que el cerebro no recibe el mensaje de dolor. Es como poner a tu amigo en una gran catapulta con una carta importante que debe entregar, solo en mano. Se sienta en la catapulta y espera a que tires de ella con la suficiente elasticidad para lanzarlo kilómetros hacia delante, volando majestuosamente por el aire. Para crear la fuerza suficiente, se necesitan muchas personas que tiren de la catapulta hacia atrás, igual que la neurona necesita muchos canales de iones. Sin los suficientes canales, aunque se escriba el mensaje de dolor (o la carta), ni siquiera se va a poder lanzar. Se quedará ahí, en una extraña catapulta medieval, preguntándose por qué el autor no pensó en una analogía con un asiento más cómodo.

En el caso de la ICD, aunque uno se corte o se queme la mano, el nociceptor simplemente sigue con su vida como siempre. Aunque la ICD se registró por primera vez en 1932, la mutación es tan rara que solo recientemente se ha estudiado en detalle. Los neurocientíficos están estudiando estos canales de sodio activados por voltaje para desarrollar medicamentos contra el dolor basados en los principios de la ICD.

---

[b] La mutación del gen SCN9A provoca alteraciones en la subunidad alfa del canal iónico Nav1.7, que es importante en la generación del potencial de acción. Una mutación en este gen puede provocar alteraciones en la función de los nociceptores, incluida la pérdida de sensibilidad al dolor o la hipersensibilidad al mismo.

Lo realmente interesante de cómo nuestro cuerpo siente el dolor es que solo existe como reacción a las señales que provienen del exterior del cerebro, y por eso lesionar el propio cerebro no sería doloroso. Por ejemplo, los neurocirujanos pueden cortar y diseccionar el cerebro sin que el paciente sienta ninguna molestia, siempre que la anestesia local ayude a realizar la incisión quirúrgica inicial en la cabeza. Como el cerebro depende de estos mensajes procedentes del cuerpo para registrar dolor, parece que nunca se le ocurrió desarrollar un método de detección para sí mismo. Piénsalo un poco, como si recibieras una carta de un familiar que vive en otra ciudad. El cartero la entrega en tu casa, la lees y decides cómo responder. Sin embargo, para recibir una carta, necesitas que un familiar externo te la envíe. No tendría mucho sentido enviarse una carta a uno mismo, esperar a que llegue y responderse con otra carta, así que el cerebro no se envía señales de dolor a sí mismo.

Aunque vivir sin dolor puede parecer una especie de superpoder y que muchos de nosotros hemos considerado en un momento de agonía, estoy seguro de que es cualquier cosa menos un superpoder. La vida de una persona que vive con esta enfermedad es complicada. Cuando son niños, a menudo sufren lesiones menores o incluso importantes y con poca conciencia de sus consecuencias. Se necesitan controles diarios y un estilo de vida más estructurado para evitar daños considerables por lesiones no identificadas.

Piensa en todas las cosas que ya no te dolerán. Solo en caso de que duelan, por favor no intentes esto en casa.

EL SÍNDROME DE CAPGRAS

Esta sección en *Los expedientes X de la neurociencia* es fascinante, aunque rompe un poco el corazón. El síndrome de Capgras es una situación específica en la que uno no reconoce a las personas conocidas. Tu madre puede parecerse a ella, sonar igual e incluso tener los mismos recuerdos que ella, y sin embargo no la reconoces como tu madre, sino como una persona parecida o una impostora. Este delirio también puede trasladarse a objetos como tu casa, en donde crees que estás viendo otra casa, aunque te des cuenta de que es muy parecida a la tuya.

El síndrome de Capgras suele ser un síntoma de un trastorno psiquiátrico o una demencia, pero también puede estar causado por una lesión cerebral, una infección o el abuso de drogas.

Llamado así por el psiquiatra francés Joseph Capgras, que describió por primera vez este fenómeno en 1923, fue un síntoma extraño e inusual de comprender, e incluso un siglo después, las razones precisas siguen siendo un misterio. En 1991, M. David Enoch y William (Bill) Trethowan[1] intentaron resolver este misterio considerándolo no como una anormalidad neurológica, sino como una disputa psicológica con tu propio conflicto interno de amor-odio, dirigiendo el odio hacia el impostor pero conservando el amor por la persona original.

Esto puede ayudar a explicar la relación con personas conocidas, pero no explica por qué este delirio se extiende a objetos y lugares como la vivienda de una persona. Desde el punto de vista de la neurociencia, se cree que tiene que ver con las partes visuales y de memoria de nuestro cerebro, y con cómo están conectadas con nuestras áreas emocionales a través del sistema límbico. Esto explicaría por qué el cerebro puede reconocer a una persona conocida, pero es incapaz de asociarla con el contexto emocional correcto, lo que puede dar lugar a que tu madre se sienta como una mujer que puedes conocer, pero con la que no tienes ninguna conexión emocional.

Podría parecer sensato si tenemos en cuenta el siguiente caso, en el que un hombre desarrolló el síndrome de Capgras después de que un accidente de coche le dejara una lesión cerebral traumática.[2] Tras recuperarse aparentemente bien, era capaz de identificar a sus padres, pero solo como impostores que parecían y actuaban como ellos. Curiosamente, esto no ocurría si hablaban por teléfono, en donde aceptaba sin problemas que eran sus padres. Los científicos llegaron a la conclusión de que cuando la corteza visual del cerebro no estaba trabajando, como cuando hablaba por teléfono con sus padres y no lo hacía en persona, los recuerdos y el contexto emocional permanecían acoplados, lo que significaba que podía relacionarse libremente con sus padres sin ninguna distracción delirante. Esto le añade peso a las evidencias que sugieren que el síndrome de Capgras es el resultado de una desconexión entre las regiones visuales y emocionales del cerebro.

Otro caso de una mujer de 77 años con este síndrome, explica aún más este fenómeno. Su hijo la encontró hablando con una persona en el espejo. Al ser sorda, utilizaba la lengua de signos, y cuando su hijo le preguntó por esta otra mujer en el espejo, la madre le dijo que aunque se parecía a ella e incluso habían tenido unas vivencias similares, no era posible que fuera la misma persona. Lo sabía por el mal uso de la lengua de signos de la mujer en el espejo. Podía identificar otros reflejos en el espejo como simples reflejos, pero el suyo le parecía una persona diferente.

Lo que nos dice la neurociencia es que la parte de nuestro cerebro responsable del reconocimiento facial está predominantemente en el hemisferio derecho. Cuando los científicos estudiaron su cerebro, se vio que había una notable reducción del tamaño de la región temporoparietal en el lado derecho del cerebro, una área implicada en la cognición, la memoria y el lenguaje, lo que puede ayudar a explicar algunos de estos sucesos. Aunque entendemos el cerebro a un nivel mucho más profundo que en 1923, el síndrome de Capgras aún no se comprende del todo, aunque casos como éste ayudan a los neurocientíficos a descubrir un poquito más lo que está pasando.

¿Te imaginas lo extraño que se sentiría ver a alguien que conoces, pero que no reconoces?

UNA CARA EXTRAÑA EN EL ESPEJO

Hablando de reflejos en el espejo, incluso en un cerebro sano, es posible que tu propio reflejo te parezca como que es otra persona la que te devuelve la mirada. Puede que no sea el reflejo de una persona viva, o ni siquiera el de un ser humano. En 2010, un psicólogo italiano llamado Giovanni Caputo llevó a cabo un experimento[3] con 50 personas que, una a una, se sentaron frente a un espejo bajo una luz tenue y se les pidió que miraran su propio reflejo. Algunos participantes afirmaron ver su cara deformada, otros vieron las caras de sus padres en sus reflejos (algunos de los cuales habían fallecido) o incluso se vieron con rostros de animales. Lo más sorprendente es que ni siquiera se necesita un espejo para experimentar algo similar. Cinco años más tarde, se repitió el mismo experimento,[4] esta vez los participantes miraban a los ojos de otra persona sentada frente a ellos. Cada participante vivió las mismas extrañas alucinaciones que duraban 7 segundos, experimentando un par de alucinaciones diferentes cada minuto. Si te sientes valiente, puedes probar este experimento tú mismo.

Al principio, se debatió mucho sobre la razón por la que ocurría este fenómeno. Se ha sugerido que estas alucinaciones temporales son parte de nuestro subconsciente que se proyecta en el cuerpo de otra persona. Sin embargo, una explicación mucho más probable es que cuando miramos fijamente una cara que no cambia durante un tiempo prolongado, las neuronas visuales de nuestro cerebro se acostumbran a ella y empiezan a disminuir su actividad, creyendo que es menos importante para nosotros, y así observamos que los rasgos faciales empiezan a difuminarse y a desaparecer. Además, se considera que el mimetismo facial y el efecto contagio son importantes en relación con este fenómeno. Se trata de casos en los que cambiamos nuestras expresiones faciales o acciones para imitar los comportamientos de los demás, por lo que puede que cambiemos la imagen que en realidad vemos por la que nuestro cerebro considera adecuada.

Como seres humanos, somos extremadamente sensibles a la lectura de las expresiones faciales y a menudo alteramos inconscientemente las nuestras para parecer más aceptables frente a los demás. Por ello, el cerebro está siempre trabajando, tratando de entender nuestro entorno. Sin un estímulo suficiente (mirar fijamente una cara que no cambia es aburrido para el cerebro) empieza a rellenar los huecos, lo que lleva a distorsiones extrañas que salen de los rasgos prominentes de la cara. Las condiciones de poca luz probablemente contribuyen a este efecto al provocar una pequeña privación sensorial, que confunde aún más a nuestro cerebro.

¿Te sientes lo suficientemente valiente como para intentarlo? Comprueba si puedes reproducir los resultados de los estudios anteriores.

¿ERA MI CARA O LA TUYA?

Este parece el momento perfecto para hablar sobre caras. En concreto, de por qué algunas personas parecen no poder recordarlas, un término que los científicos llaman prosopagnosia o ceguera facial. Una persona con prosopagnosia no puede reconocer fácilmente los rostros que deberían ser familiares, y a menudo no puede distinguirlos de rostros desconocidos como los de unos completos extraños. La prosopagnosia provoca dificultades para recordar visualmente no solo las caras, sino también para identificar puntos de referencia u objetos, lo que puede dificultar especialmente tareas como la navegación. En los casos más graves, las personas también pueden tener dificultades para reconocerse a sí mismas. Todavía hay muchas cosas que no están claras sobre lo que ocurre en el cerebro durante la prosopagnosia, pero se cree que hay un problema de conectividad entre nuestras áreas visuales y los centros de memoria de nuestro cerebro. Lo sabemos porque una persona con prosopagnosia que reconoce un rostro familiar puede tener dificultades para recordar cualquier detalle sobre la otra persona si esta sale por ejemplo de la habitación que están compartiendo.

Los científicos creen que existe un componente genético en la prosopagnosia, ya que aproximadamente el 2% de la población nace con este dificultad. Si naces con ella, hay pruebas de que la prosopagnosia se desarrolla como resultado de un defecto en una parte del cerebro llamada giro fusiforme.[a] Esta área está implicada en el reconocimiento, con

[a] El procesamiento facial en el cerebro depende del giro fusiforme, la corteza occipital y el surco temporal superior para identificar el rostro de una persona con una especificidad excepcional.

gran detalle, de los rostros humanos y evolucionó para ayudarnos a identificar las caras de nuestra familia y otros miembros de nuestra comunidad. Como tal, parece ser un área que está especialmente pre-programada con información esencial para esta tarea, y los problemas en el desarrollo del giro fusiforme conducirán a dificultades como la prosopagnosia más adelante en la vida.

Sin embargo, las personas no solo nacen con prosopagnosia, sino que pueden adquirirla a lo largo de sus vidas, normalmente a causa de una lesión cerebral, un accidente cerebrovascular o una enfermedad degenerativa. Los escáneres cerebrales realizados recientemente a un hombre de 65 años que había notado que su prosopagnosia empeoraba revelaron cambios impactantes en el cerebro. Las áreas del cerebro que procesan el reconocimiento facial y los recuerdos se estaban reduciendo, lo que provocaba una ceguera facial más grave[5] (el giro fusiforme y el lado derecho del lóbulo temporal). Estos cambios parecían producirse sobre todo en el lado derecho del cerebro, que contribuye en gran medida a nuestro procesamiento visual.

En la actualidad, no existe una cura para la prosopagnosia, sino que los tratamientos se basan en practicar ejercicios compensatorios, como tratar de memorizar la ropa de una persona o las características más destacadas de su aspecto, lo que puede conducir a mejoras sustanciales de la afección. Si algo de esto te resulta familiar, existen varias pruebas como la prueba de Reconocimiento Facial de Benton o la prueba de Memoria Facial de Cambridge. Estas pruebas se basan en observar una serie de rostros y emparejarlos con otro rostro idéntico, o con un rostro que se haya mostrado unos instantes antes.

Nos pasa a todos en algún momento. Parece que no puedes recordar quiénes son. Al final, se prolonga demasiado en el tiempo y resulta demasiado incómodo preguntar.

UN CEREBRO VIEJO Y SABIO

Un dato curioso sobre tu cerebro es que, en su mayor parte, las células cerebrales con las que naces seguirán desarrollándose y creciendo a medida que aprendes, y de hecho permanecerán contigo durante toda tu vida. ¡Exactamente las mismas células! Así que, si vives hasta los 80 años, tendrás un cerebro de 80 años, y si pudiéramos vivir tanto tiempo, incluso tendríamos un cerebro de 100 o 200 años. Suena bastante viejo, ¿verdad? Vale, ahora imagínatelo con ¡2.000 años!

Imagina la escena en el año 79 d.C. cuando un joven de unos 20 años (llamémosle Aurelio) se siente cansado después de un largo día ejerciendo de guardia de seguridad del colegio de Herculano, una antigua ciudad cerca de Nápoles, Italia. Así que Aurelio decide echarse una pequeña siesta en su cama. De repente, a 20 kilómetros de distancia, el Monte Vesubio entra en erupción, arrojando ceniza volcánica a una temperatura de 500°C, sepultando rápidamente todo bajo 20 metros de ceniza, incluido nuestro querido y dormilón amigo Aurelio.

En la década de 1960, Aurelio fue encontrado en una cama de madera bajo un montón de ceniza. Para entonces, los restos no eran especialmente reconocibles, a diferencia de otras víctimas que hoy podemos reconocer con claridad, pero lo que es excepcional es que también se descubrió preservado el tejido cerebral de Aurelio. El calor extremo y el posterior enfriamiento rápido, típicos de la ceniza volcánica del Vesubio, hicieron que las células cerebrales se convirtieran en un material cristalino, casi congelando las células intactas. Las células cerebrales conservaron características estructurales que solo se encuentran en el sistema nervioso central, lo que ayudó a identificarlas como sustancia cerebral. Un estudio más reciente[6] llegó a examinar la sustancia cerebral de Aurelio con un microscopio electrónico extremadamente potente, utilizando una nueva tecnología que permitía a los científicos visualizar células cerebrales. El equipo de investigación confirmó que estaban estudiando las neuronas de una médula espinal y del cerebro utilizando espectroscopia de rayos,[a] para identificar el material orgánico. El estudio fue un gran hito con esta nueva técnica de investigar material celular antiguo. Esta investigación abrirá una nueva línea de investigaciones biogeoarqueológicas, y el equipo espera utilizar este método para buscar en otros yacimientos de todo el mundo y descubrir zonas de antiguos cementerios hasta ahora desconocidas.

Aunque es muy poco probable que hubiera ancianos barbudos bailando bajo el volcán mientras entraba en erupción. Nunca lo sabremos a ciencia cierta.

[a] La espectroscopia de rayos X mide los rayos X para comprender las diferentes propiedades químicas. Ayuda a hacernos una mejor idea de lo que se está viendo.

PHINEAS GAGE

Como neurocientíficos, podemos aprender mucho de la vida cotidiana de las personas. No se trata solo de laboratorios y microscopios. A menudo esto significa examinar a alguien que ha sufrido una grave lesión cerebral, pero que está vivo y, por lo demás, se encuentra bien. Uno de los ejemplos más famosos de la neurociencia es el de un hombre llamado Phineas Gage. Un obrero de la construcción de 25 años que en 1848 trabajaba en la construcción de un nuevo ferrocarril cuando accidentalmente provocó una explosión que lanzó una barra de hierro hacia su cráneo y su cerebro. La fuerza de la explosión fue tan grande que la barra atravesó su cabeza y cayó al otro lado de la vía. Para asombro de todos los que le rodeaban, sobrevivió. Poco después de su accidente, Phineas Gage era capaz de hablar y, con un poco de ayuda, caminar. Se recuperó muy bien y no parecía mostrar ningún signo temprano de una inteligencia disminuida, de habla comprometida o una parálisis física.

A pesar de su impresionante recuperación, la gente empezó a notar cambios en su personalidad. Se volvió poco fiable en el trabajo, actuaba de forma inadecuada en situaciones sociales y empezó a maldecir con frecuencia, hasta que finalmente perdió su trabajo y murió pocos años después a causa de unas convulsiones. Gage pasó de ser un hombre educado, responsable y de buenos modales a alguien totalmente diferente; sin embargo, es posible que nunca se conozcan los cambios que verdaderamente sufrió, ya que gran parte de su historia posterior ha sido dramatizada.

Ahora sabemos que Gage sufrió un daño sustancial en una área del cerebro llamada corteza prefrontal (CPF)[a] - una área que es importante para la toma de decisiones, el procesamiento emocional y la formación de recuerdos a largo plazo. La razón por la que la mayor parte de sus facultades mentales permanecieron intactas fue porque una área más pequeña de la CPF (la CPF dorsolateral) milagrosamente no sufrió daños, y es esta área la que interviene en muchas de las funciones cognitivas superiores (cosas como la planificación y la resolución de problemas). El caso de Phineas Gage causó tanta intriga en el campo de la neurociencia que posteriormente se exhumó su cuerpo para poder reconstruir su cráneo con tecnología informática en 3D, lo que nos permitió comprender el alcance de sus lesiones.

La historia de Phineas Gage es un relato desafortunado de un hombre que sobrevivió a una lesión pero que sufrió en vida, y un recordatorio de lo curioso pero trágico que puede ser el estudio de la neurociencia.

[a] Daño específicamente en la CPF medial y en la CPF orbital izquierdo.

Una experiencia impactante y una historia sorprendente que merece su lugar en la historia de la neurociencia.

EL FENÓMENO DE LA LLAMADA DEL VACÍO

¿Has estado alguna vez en la cima de un edificio alto o en el borde de un acantilado y tenido un repentino pero breve impulso de saltar? No tienes verdadera intención de saltar, quizás ni sufres depresión, ni de pensamientos suicidas, ni angustia, pero ese impulso aparece de todas formas. Resulta que la neurociencia tiene un nombre para este tipo de ocurrencia –el fenómeno de los lugares altos, también denominado la llamada al vacío – y en realidad es muy normal y común. También hay relatos similares sobre impulsos de saltar delante de un tren, meter la mano en el fuego o girar el volante hacia el tráfico. Afortunadamente, la gente no suele seguir ese impulso inicial, y aunque la mayoría de los relatos sobre este fenómeno son anecdóticos, hay un equipo de científicos de Florida (EE.UU.) que decidió echar un vistazo más a fondo.[7]

El equipo de investigación preguntó a 431 estudiantes sobre este tipo de episodios e incidencia a lo largo de sus vidas, y un sorprendente 55% reconoció haberlos experimentado en algún momento de sus vidas. Como neurocientíficos, aún no comprendemos por qué se producen estos pensamientos, pero las pruebas de este estudio pusieron de manifiesto que el aumento de los niveles de ansiedad se correlaciona con una mayor frecuencia de estos pensamientos impulsivos.[a] La ansiedad, que no es infrecuente entre los estudiantes, puede haber dado lugar a una mayor incidencia en comparación con la población en general. Todavía no se ha estudiado por qué la ansiedad influye en este comportamiento.

---

[a] Ten en cuenta que si estos pensamientos ocurren con regularidad y duran más de un breve momento, puede ser un signo de algo más grave y debes consultar a un profesional médico.

Sin embargo, la ciencia nos ha revelado que el fenómeno de los lugares altos es posiblemente el resultado del retraso en una fracción de segundo entre dos señales cerebrales con instrucciones opuestas. Una señal se basa en nuestro instinto de supervivencia, que advierte el peligro y nos dice que debemos evitarlo, como una caída desde una gran altura o un tren que nos golpea de frente. Otra señal, procedente de nuestro cerebro más lógico, nos dice que estamos relativamente seguros en el lugar en el que nos encontramos y que no existe una amenaza real para nuestra supervivencia. Las señales resultantes son interpretadas por nuestro cerebro -ahora algo confundido- para que transmita este mensaje bastante extraño y así podemos llegar a experimentar el fenómeno de la llamada al vacío. Así que, si alguna vez tienes un impulso repentino de saltar desde la cima del Everest, recuerda que es normal, pero de todos modos por favor no lo hagas.

Por mucho que lo desees a veces, no saltes desde lugares altos, especialmente si hay tiburones debajo.

PERCEPCIÓN DE CAMPOS MAGNÉTICOS

Está demostrado que las aves pueden percibir el campo magnético de la Tierra y utilizarlo, junto con puntos de referencia, para navegar durante el vuelo. Son capaces de hacer esto ya que las partículas magnéticas están muy cerca de las terminaciones nerviosas de su cabeza, que traducen la información sensorial sobre el tacto, la temperatura y el dolor, lo que se puede traducir como que las aves básicamente «sienten» el campo magnético. Las retinas de sus ojos contienen algo llamado criptocromo, una pequeña proteína que reacciona de forma diferente según la intensidad del campo magnético. Lo interesante es que los científicos han descubierto que los humanos también tienen este criptocromo. Científicos de Caltech observaron cómo el electroencefalograma (que mide las ondas cerebrales) de las personas cambia cuando se exponen a diferentes campos magnéticos.[8] Esto es inofensivo y ocurre de forma natural en nuestra vida cotidiana, pero este estudio fue el primero en exponer que los humanos pueden ser capaces de percibir esta información magnética y utilizarla por sí mismos. Basándose en esta investigación, algunos científicos han sugerido que esto puede haber ayudado a nuestros ancestros humanos a navegar entre el Norte y el Sur durante desplazamientos.

Por el contrario, muchos otros científicos no están convencidos y creen que no hay ningún beneficio funcional en humanos por los bajos niveles de criptocromo y que la mera observación de su presencia no se traduce en ningún efecto medible. Tal vez sea más razonable sugerir que si alguna vez tuvo un beneficio para la navegación, se habría perdido en el transcurso de nuestra historia evolutiva, y la navegación actual se basa en la lógica, la conciencia espacial y los centros de memoria de nuestro cerebro.

Hasta ahora no se han registrado casos de seres humanos capaces de percibir campos magnéticos, lo que sería como tener un sexto sentido – que te permitiría caminar en la dirección correcta sin necesidad de una brújula –, pero no deja de ser de todas formas una idea muy interesante.

¿Qué te parece esto? ¿Puedes navegar sin esfuerzo? Tal vez esta sea la razón por la que te resulta más fácil.

VISIÓN CIEGA

En la parte posterior del cerebro tenemos el lóbulo occipital. Esta región recibe las imágenes de nuestros ojos y de los nervios ópticos y decide lo que estamos viendo antes de enviar esa información a otras partes de nuestro cerebro para determinar cómo reaccionar. Así, si vemos un adorable perro peludo, la luz reflejada en ese perro viaja hasta nuestra retina en la parte posterior del ojo, a lo largo del nervio óptico y hasta el lóbulo occipital, donde es procesada por las cortezas visuales primaria y secundaria. Otras áreas (la corteza frontal y el sistema límbico) interpretan en ese momento el significado y deciden cuál debe ser la respuesta emocional, lo que da lugar a un muy emocionado «¡Oooh, un adorable cachorrillo - me gusta, me siento feliz!».

Sin embargo, un daño en el lóbulo occipital, por ejemplo, debido a un traumatismo, un tumor cerebral o un derrame cerebral, puede hacer que las imágenes del lindo cachorro lleguen a la corteza visual, pero no se procesen ni se transmitan a otras áreas de nuestro cerebro y, por lo tanto, nos comportemos como ciegos. Esto es un poco diferente de los casos en los que los ojos o el nervio óptico no funcionan. Esta ceguera adicional se denomina ceguera cortical – es decir, ceguera en el cerebro. Quizá te preguntes por qué este capítulo habla de adorables cachorrillos y de ceguera. Pues bien, porque en algunas personas con ceguera cortical, aunque no puedan ver determinados objetos, su cerebro subconsciente sigue percibiéndolos. Esto significa que una persona puede interactuar con algo aunque no lo vea realmente. Pongamos otro ejemplo. Digamos que quieres atravesar la habitación y llegar hasta la puerta, pero hay una silla en tu camino. En circunstancias normales, verías la silla y la rodearías. Una persona con visión ciega también cruzaría la habitación evitando la silla, pero no vería conscientemente que hay una silla en la habitación. Simplemente la evitan, pero no entienden muy bien el por qué.

Este extraño fenómeno se documentó por primera vez en la investigación de Lawrence Weiskrantz en 1974 y, desde entonces, se ha registrado en todo tipo de situaciones.[9] Una persona puede atrapar una pelota en el aire sin llegar a verla nunca, por ejemplo, pero quizás el estudio más interesante muestra cómo es posible identificar las emociones faciales e incluso reflejar esas mismas emociones en tu propia cara, sin ser nunca consciente de ver ninguna expresión facial.

El cerebro es un lugar realmente extraño, pero fascinante, que quizá nunca lleguemos a comprender del todo.

La visión ciega se ha examinado rigurosamente en muchos entornos experimentales, por lo que, los neurocientíficos creen tener una explicación. En primer lugar, el hecho de que algunas personas con ceguera cortical experimentan el fenómeno de la visión ciega puede deberse a que el colículo superior -un área del cerebro importante para la orientación visual- se sigue conservando.[10] Aunque todavía no entendemos del todo la función del colículo superior, sabemos que esta área recibe información sobre lo que vemos y la convierte en señales que inician el movimiento apropiado. Para explicarlo, imaginemos que nos sentamos y vemos pasar un coche deportivo. Nuestros ojos y nuestra cabeza seguirían instintivamente al coche mientras seguimos sus movimientos. Esta es la responsabilidad del colículo superior, vigilar instintivamente el entorno y decidir cómo mover nuestro cuerpo en respuesta.

La hipótesis actual sobre la visón ciega afirma que cuando el cerebro detecta un daño en el lóbulo occipital, empieza a reconectarse para saltarse la corteza visual primaria y, con la ayuda del colículo superior, enviar la información a través de una área llamada núcleo geniculado lateral en el centro del cerebro. Es posible que la persona nunca recupere del todo la visión normal, pero puede seguir llevando una vida normal. Algunos neurocientíficos sugieren que se trata de un proceso por el que el cerebro vuelve a una forma de visión más básica, y que se observa en animales que carecen naturalmente de las áreas visuales más avanzadas del cerebro humano.

LA MEMORIA PERFECTA

No existe tal cosa como la memoria perfecta, pero por lo que nos enseña la neurociencia, por muy raro que nos lo parezca, nunca olvidamos nada. Aunque en realidad, la mayoría de los recuerdos no los podemos recuperar a nivel consciente, por lo que se podría pensar que se han perdido para siempre. Sin embargo, este olvido no es más que un mecanismo que utiliza nuestro cerebro para que podamos recordar fácilmente las cosas importantes y no nos distraigamos con otros innumerables recuerdos que almacenamos. Algunas personas no parecen tener esa capacidad de selección y, en cambio, viven con unos recuerdos casi perfectos de toda su vida.

A esto se le llama hipertimesia, y dota a las personas la capacidad de tener una memoria autobiográfica casi perfecta sobre sus vidas. Pueden recordar con precisión todos los acontecimientos importantes, día a día, de años anteriores, o recordar qué día de la semana era en una fecha aleatoria del pasado, incluso describir el menú de un restaurante que visitaron en esa fecha. Un relato de la vida de Jill Price, la primera persona que se identificó como poseedora de esta memoria exorbitante, describió recientemente cómo, con solo ocho años, su cerebro cambió repentinamente.[11] Desde entonces, parece que nunca pudo olvidar ningún detalle de su vida. Esto significa que puede recordar todos los días desde 1980 en adelante y, aunque no es una memoria perfecta, Jill puede recordar lo que estaba haciendo, con quién estaba y dónde estaba en cualquier momento del pasado.

Los científicos creen que la hipertimesia puede ser similar a los casos de síndrome de savant o síndrome del sabio, en los que vemos a personas que desarrollan habilidades mentales extraordinarias en aritmética y memoria declarativa. Si se observa con detalle, los escáneres cerebrales han revelado diferencias en los cerebros de las personas con hipertimesia en comparación con los de las personas con memoria estándar.[12] Entre ellas se encuentra un giro parahipocampal más grande (un área que rodea la región de la memoria), que se asocia con los recuerdos autobiográficos y la conciencia espacial (dónde estamos). Aunque podemos identificar estos cambios, no explican totalmente la diferencia en memoria y capacidad cerebral aumentada, lo que significa que es más probable que se explique por la forma en que el cerebro almacena sus recuerdos, más que por el tamaño de áreas específicas.

Recientemente se ha demostrado una conexión entre el lóbulo temporal (memoria), el lóbulo parietal (cosas como el tacto y el gusto) y la corteza prefrontal (pensamiento analítico). Estas áreas son importantes para la memoria y esas impresionantes proezas analíticas. En resumen, el cerebro almacena los recuerdos de manera diferente en el cerebro de alguien como Jill Price, pero tienen mejores recuerdos debido a la facilidad con la que pueden acceder a ellos. Es como si su mente tuviera una línea telefónica directa con el centro de la memoria, en lugar de pasar por varias capas de archivadores de información mal organizados.

Los neurocientíficos también pueden observar diferencias en las respuestas cuando se les pide a las personas con hipertimesia que se describan a sí mismas. Las personas con hipertimesia suelen tener una imaginación y unas características de abstracción más acentuadas (la capacidad de estar completamente concentrado y enfocado en una actividad). Suelen describirse como más sensibles a los estímulos sonoros, olfativos y visuales, y el nivel de detalle adquirido gracias a esta sensibilidad puede contribuir a que acontecimientos cotidianos sean mucho más memorables. Además, no es infrecuente que la hipertimesia vaya unida a rasgos de personalidad obsesivos, lo que incentiva todavía más que la persona recuerde sistemáticamente cosas incluso cuando no es necesario. En palabras de Jill Price, es tanto una carga como un regalo.

Todos los cerebros tienen la capacidad de recordar este nivel de detalles, pero solo utilizamos esta capacidad cuando el día o el acontecimiento es especialmente memorable, como el día de una boda o una experiencia traumática, cuando en resumen somos más conscientes de esta información sensorial.

Esto se debe a la forma en la que el cerebro decide almacenar esos recuerdos, porque los detalles increíblemente vívidos que no se experimentan en un día típico se recuerdan más fácilmente. Nuestra memoria puede entrenarse hasta un nivel ilimitado, pero se necesita una gran imaginación y grandes niveles de repetición continuada.

¿Sería bueno recordarlo todo, o sería malo? Creo que prefiero quedarme con mi memoria habitual por ahora.

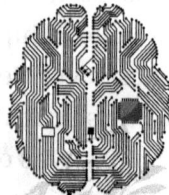

CAPÍTULO 3

EL FUTURO DE LA NEUROCIENCIA

Solo podemos ver un poco del futuro, pero lo suficiente para saber de que hay mucho por hacer.

Alan Turing

INTRODUCCIÓN

Esta cita de Alan Turing, el famoso criptoanalista y matemático de la Segunda Guerra Mundial, resume perfectamente este capítulo. Nos enfrentamos a muchos retos para lograr el futuro que queremos y merecemos, y quizás nuestra mayor fuerza sea que podemos trabajar juntos para resolver cada problema que se presente y llegar a ese futuro deseado. Cuando reflexionamos sobre el siglo pasado y consideramos los progresos que hemos realizado en materia de salud y medicina, tecnología e investigación científica, resulta emocionante imaginar qué nuevas fronteras pueden abrirse ante nosotros dentro de 100 años. Este capítulo explorará cómo podría ser ese futuro. Dividido en tres partes –la ciencia se mezcla con la tecnología, la salud y enfermedad, y la mejora–, cada una de ellas se centra en un elemento de nuestras vidas en el que se espera que los avances de la neurociencia tengan un gran impacto. Servirá de guía a través de las investigaciones más punteras de la actualidad, y de lo que se necesitaría exactamente para avanzar hacia un futuro en el que la neurociencia pudiera curar enfermedades cerebrales o preservar nuestra mente para vivir eternamente. Se explicará cómo podemos liberar el potencial de nuestro cerebro, para comunicarnos algún día no con palabras, sino con el poder de nuestras mentes, y se mencionará a los equipos de investigación que hoy en día están tratando de convertir esto en una realidad.

Han pasado algo más de 50 años desde que por primera vez astronautas aterrizaron en la Luna, y la tecnología se ha desarrollado a un ritmo radical en los años transcurridos desde aquella vez. La potencia de cálculo necesaria para un viaje de ida y vuelta de tres hombres a la Luna en 1969 podría caber fácilmente en el interior de tu móvil hoy en día. En el próximo siglo, los avances tecnológicos podrían impulsar descubrimientos científicos ayudándonos a poder observar aún más de cerca el cerebro, obteniendo un acceso sin precedentes al órgano más misterioso del cuerpo y conduciéndonos a un futuro que sea menos ciencia ficción y más ciencia.

Si antes pensabas que el cerebro era extraño y misterioso, ¡espera y ya verás!

SABEMOS TANTO Y TAN POCO

Nos esperan tiempos apasionantes en el campo de la neurociencia, pero es esencial entender en qué punto nos encontramos hoy en día. Aún nos queda mucho por comprender sobre el cerebro. Da la sensación de que cada vez que aprendemos algo nuevo surgen muchas más preguntas que desafían nuestra forma de pensar sobre el funcionamiento real del cerebro. Para que los científicos puedan llegar a comprender el aspecto de un cerebro humano, con sus neuronas interconectadas, sus axones, sus células gliales, sus vasos sanguíneos y sus neurotransmisores, primero tenemos que construir un mapa preciso, un conectoma. Los escáneres cerebrales capaces de trazar un mapa del cerebro humano en tres dimensiones, en los que podríamos rastrear cada neurona hasta visualizar las conexiones, supondrían un salto revolucionario que rivalizaría con la cartografía genética (mapa del ADN) o el aterrizaje en la Luna.

El cerebro humano está formado por miles de millones de neuronas y miles de sinapsis en cada una de ellas. El primer intento de cartografiar con precisión una pequeña región del cerebro de la mosca de la fruta consiguió identificar unas 600 neuronas. A este ritmo, necesitamos combinar esa mosca con otros 146 millones de moscas para siquiera acercarnos al cerebro humano. Para ello la ciencia tendría que adoptar un enfoque interdisciplinar en el que la investigación se compartiera libremente entre científicos, ingenieros, médicos y otros académicos. Esto desgraciadamente ocurre mucho menos de lo que se cree, pero algunos institutos de investigación están empezando a cambiar las cosas. El Instituto Allen en Seattle (EE.UU.), por ejemplo, hace precisamente esto. Comparte libremente sus mapas cerebrales para ayudar a otros investigadores a entender el funcionamiento del cerebro y progresar en el ámbito de la neurociencia. Sin embargo, sigue existiendo una mala praxis abrumadora en el mundo de la publicación científica: en primer lugar, las revistas que publican las investigaciones cobran un precio desorbitado por aceptar los resultados de la investigación (miles de dólares por artículo de investigación) y luego cobran vergonzosas cuotas de suscripción para permitir el acceso. Esto se puso de manifiesto cuando se publicó un comunicado de la Universidad de Harvard en el que se explicaba cómo su factura de suscripción de 3,5 millones de dólares anuales estaba perjudicando su contribución científica.[1] Se mencionaba a Elsevier, un gigante editorial holandés, que tiene unos ingresos de 2.600 millones de dólares, pero lo cierto es que solo es la punta de un iceberg cada vez más grande.

La respuesta a la pandemia de la Covid-19 por parte de algunas editoriales es quizás lo más preocupante, ya que ha dado lugar a un incremento todavía mayor de los precios. El coste de algunos libros electrónicos (copias digitales con costes de publicación relativamente bajos) ha aumentado hasta un 500% para los estudiantes.[2] Estos libros son a menudo un requisito de las clases académicas. Un ejemplo es el de la editorial McGraw Hill que mostraba una edición impresa por 65,99 libras esterlina, pero 528 libras para una versión digital descargable.

Lo que todo esto significa realmente es que solo las instituciones más ricas tienen acceso a toda la investigación científica, aunque hay luz al final del túnel. El gobierno de la India está estudiando una política de «una nación, una suscripción», mediante la cual compraría los artículos científicos y los compartiría con los científicos de todo el país; una idea sorprendente que ojalá prospere. Pero por desgracia, la avaricia se ha colado en la ciencia y, si no se pone freno a esa avaricia, nunca se logrará un mayor intercambio de información entre los científicos.

Supongamos que estos editores malvados no existen por un momento, y volvamos a la mosca de la fruta. El procesamiento visual dentro de su cerebro recluta unas

60.000 neuronas (el cerebro entero contiene unas 100.000). Supongamos que una mosca ve una jugosa manzana delante de ella – las neuronas de la corteza visual transmiten señales que se comunican con otras regiones del cerebro, interpretan esas señales para formar una imagen y determinar que se trata de una manzana. Resulta que solo el 10% de esas neuronas responden como pensamos que deberían hacerlo.[3] Eso deja un 90% de la activación cerebral que aún no comprendemos del todo. Incluso esa cifra es demasiado ambiciosa. Todavía no entendemos cómo nuestro cerebro utiliza los diferentes tipos de neuronas para resolver un problema. Tenemos una idea, y podemos probar conceptos, pero no conocemos todavía toda la historia. Imaginemos que leemos un libro al que le faltan algunas páginas. Si leyéramos Ricitos de Oro y los tres osos (el cuento para niños), para ver a la heroína comiendo gachas de avena heladas antes de quedarse dormida, sin haber leído las partes en las que las come calentitas, pensaríamos que tiene unos gustos extraños para las gachas, más propia de las condiciones del Ártico. Nos faltaría el contexto que necesitamos para entender toda la historia.

Hay muchas preguntas que necesitarán respuesta si queremos avanzar hacia el futuro que imaginamos. A pesar de los obstáculos en la colaboración y las publicaciones científicas, las ambiciosas empresas de biotecnología que compiten por ser las primeras en establecerse como líderes se están asociando con investigadores académicos para acercarnos el futuro más de lo que se podría imaginar. A continuación expongo algunas de las investigaciones más esperadas de los laboratorios más punteros y cómo estos proyectos se preparan para dar forma al futuro de la neurociencia.

Parte I: La ciencia se mezcla con la tecnología

La imagen de nuestro cerebro

Debo admitir que cuando se me ocurrió escribir este capítulo, mi mente pensó inmediatamente «¿Se podría trasplantar mi cerebro a un robot para que pueda vivir más tiempo?». Cuando hice el llamamiento para que la gente sugiriera preguntas sobre neurociencia, me tranquilizó ver que otras personas también se hacían esta misma pregunta. «Al menos no seré el único robot humanoide en el futuro», pensé. Con esta idea en mente, ¿será posible almacenar nuestros recuerdos, pensamientos y personalidades en un cerebro sintético informatizado, de modo que cuando nuestros cuerpos mueran, sigamos teniendo una versión de nosotros mismos que siga «viviendo»? Si es así, ¿qué aspecto tendría y cómo podríamos empezar a crear esa tecnología? En un futuro, ¿tendremos realmente la capacidad de lograr esto?

Empecemos con la idea de construir un cerebro sintético que almacene todas nuestras experiencias vitales y nuestra personalidad. Habría que hacer un duplicado informático donde se pudiera almacenar toda esta información. Uno de los grandes hitos para hacer realidad este futuro es escanear y esquematizar con precisión nuestro cerebro. El cerebro humano tiene entre 88 y 100 mil millones de neuronas, cada una con miles o decenas de miles de sinapsis, lo que supone 1.000.000.000.000.000 de conexiones que hay que cartografiar (un cuatrillón). Si incluimos las células cerebrales que no son neuronas, como las células gliales –de las que tenemos hasta cinco veces más que de neuronas–, la cosa se complica aún más, y ni hablar de las interneuronas, una especie de intermediario entre dos neuronas. Todo esto tendría que ser mapeado y visualizado para entender y reproducir un cerebro humano. Entonces, solo necesitamos un mapa gigante ¿no? Bueno...sí y no.

VER PARA CREER

Un área vital que mejorará en el próximo siglo es la tecnología que permite a los científicos visualizar lo que ocurre dentro de una neurona. Nuestros microscopios más potentes, como los de electrones y los de excitación de dos-fotones (este último es el microscopio de referencia, que consiste en disparar un láser para iluminar o dar fluorescencia a las neuronas), requieren que las células permanezcan perfectamente inmóviles, por lo que no pueden no estar vivas. Los tejidos vivos pueden visualizarse, pero generalmente se obtienen imágenes lentas con una resolución inferior a la ideal.[a] Sin embargo, técnicas de imagen que pudieran visualizar células cerebrales vivas en tiempo real, para la observación de la actividad en los receptores e interacción de proteínas con medicamentos, supondrían un gran avance que podría permitirnos ver exactamente cómo funciona un fármaco.

Las técnicas de imagen más novedosas y específicas que permiten marcar partes concretas de las células cerebrales también permitirían a los investigadores seguir los cambios a lo largo del tiempo en múltiples regiones del cerebro. Podríamos aplicar ingeniería inversa a esta información para

---

[a] La mejora de la microscopía de dos fotones, por un equipo estadounidense que trabaja con animales vivos, ha mostrado[4] impresionantes mejoras mediante el uso de FACED (free-space angular-chirp-enhanced delay, en castellano retardo mejorado con chirp angular en espacio libre), que registra las neuronas con una resolución de imagen tan alta como para poder ver las señales eléctricas. Sin embargo, solo penetra 1 mm en el tejido cerebral, por lo que no puede llegar a zonas más profundas.

comprender qué ocurre en el cerebro cuando se desarrolla una enfermedad – procesos que son difíciles de estudiar y que aún no se han explorado del todo. Los microscopios actuales tienen que elegir entre una mayor calidad de imagen con un tiempo de procesamiento y una velocidad de fotogramas lentos, o una imagen más rápida y profunda con una menor resolución. Las imágenes del futuro tendrán que combinar ambas propiedades y limitar las desventajas. El laboratorio de investigación de Alipasha Vaziri, con sede en Nueva York, está tratando en mejorar este campo mediante el desarrollo de una técnica de microscopía de tres fotones que puede tomar imágenes a mucha más profundidad que la estándar de 1 mm.[b,5] Son capaces de grabar desde 12.000 neuronas simultáneamente, todo ello mientras el animal se mueve e interactúa con su entorno, lo que permite a los investigadores estudiar cómo cambia el cerebro cuando se altera su comportamiento. Un logro realmente asombroso.

Estas imágenes con súper resolución crearían tantos datos que podrían ser difíciles de procesar por los ordenadores estándar. Por lo tanto, las nuevas mejoras en estas áreas dependerían de la innovación conjunta en tecnología, microscopía, software informático e inteligencia artificial (IA) para procesar la información obtenida de dichas imágenes. Es posible que los avances en neurociencia se acompasen a estas innovaciones tecnológicas.

En 2019, un equipo de investigación del Instituto Tecnológico de Massachusetts (MIT por sus siglas en inglés) se asoció con el científico Eric Betzig, ganador del premio Nobel, y su laboratorio para mejorar la resolución de la

---

[b] El equipo de investigación es pionero en la microscopía HyMS (microscopía óptica híbrida multiplexada) en cerebros de animales vivos para observar cómo cambian cuando los animales interactúan con su entorno.

microscopía de forma asombrosa en la visualización de neuronas, para lo que decidieron volver a analizar el cerebro de –lo has adivinado– nuestra mosca de la fruta favorita.[6] Inventaron una técnica llamada microscopía de expansión, que básicamente significa que las neuronas del cerebro se hinchan con un líquido y se expanden para aumentar el tamaño y poder crear imágenes tridimensionales. Las imágenes producidas con esta técnica fueron revolucionarias y permitieron a los investigadores acercarse a neuronas y sinapsis, donde pudieron contar hasta 40 millones de sinapsis. Esto es absolutamente increíble. Es como fotografiar una aguja en un pajar. Bueno, 40 millones de agujas en un montón de pajares. Si esos pajares cupiesen en la yema del dedo.

En el futuro, esta microscopía avanzada podría combinarse con la realidad virtual para permitir a los científicos visualizar todas las conexiones cerebrales (con el uso de unos cascos 3D se podría caminar literalmente por el cerebro). Sin embargo, en la actualidad esta nueva técnica tiene inconvenientes, hay partes específicas de las células cerebrales que no son fluorescentes o no les gusta el proceso de expansión física. Estas limitaciones se abordarán en futuros estudios a medida que avancemos en el conocimiento de estas técnicas.

¿PODEMOS ALMACENAR NUESTROS RECUERDOS?

Volvamos a la construcción de un cerebro informatizado. El principal problema de observar las células del cerebro humano es que se tienden a morir en el proceso. Las células tienen que ser estables e inmóviles para que podamos obtener imágenes claras en el laboratorio (diferente a los escáneres cerebrales en un hospital que observan todo el cerebro, en lugar de solo unas pocas neuronas diminutas). Una forma de superar este problema, al menos en los laboratorios actuales, es utilizar cerebros de recién fallecidos. Otra forma, más gráfica, es esperar hasta el momento en que la persona está a punto de fallecer, para preservar el cerebro. Acabará siendo fatal, pero, no obstante, la información se obtendría de un cerebro vivo. Una empresa llamada Nectome está haciendo precisamente algo similar. Voluntarios con enfermedades terminales optan por preservar sus cerebros con la intención de almacenar sus células cerebrales, y por lo tanto sus recuerdos, en condiciones casi perfectas, esencialmente se congela su cerebro en el tiempo. Nectome está a la vanguardia de un campo completamente nuevo de la neurociencia experimental llamado conservación de la memoria. En 2018, y apenas unas horas después de la muerte, se extrajo un cerebro humano y se preservó utilizando la nueva técnica de Nectome con éxito. Demostrando que el método funcionaba.[7] El propio cerebro se utilizará para nuevos estudios para perfeccionar el proceso de almacenamiento para otras personas.

Para llevar a cabo este nuevo tipo de conservación, Nectome ha desarrollado una solución química a base de glutaraldehído para fijar el cerebro y todas sus estructuras microscópicas en su lugar y que las generaciones futuras puedan descodificarlo. Esto no es una tarea fácil si se tiene en cuenta que hay al menos 300.000 moléculas en cada sinapsis, y no tenemos ni idea de cuáles son funcionalmente relevantes en los recuerdos o cómo las utiliza la célula para el almacenamiento de la memoria a largo plazo. Los neurocientíficos ya pueden preservar el tejido cerebral, pero el proceso causa demasiado deterioro y no se acercaría al nivel necesario para que un cerebro humano sea de alguna utilidad en el futuro. Por eso el novedoso enfoque de Nectome es tan emocionante.

El ambicioso objetivo de la empresa es conservar los cerebros para cuando llegue el momento en que puedan volver a la vida de una forma u otra. Sin embargo, muchos científicos creen que el poder reanimar un cerebro humano, incluso dentro de un siglo, es poco realista. Todavía tenemos muy poco conocimiento de cómo está conectado el cerebro. Aún contando con un conectoma, este mapa cerebral no será necesariamente suficiente para enseñarnos como extraer y descifrar la información del cerebro. Sin embargo, Nectome subraya que se centran esencialmente en la conservación a largo plazo del tejido cerebral. Se dedican a conservar las conexiones, las sinapsis y los axones que son la base (al menos hasta donde sabemos) del almacenamiento de la memoria, y por el momento no intentan reanimar el cerebro.

Muchas preguntas sobre los aspectos específicos sobre la formación de la memoria siguen sin resolverse, por lo que es poco probable que la personalidad y el comportamiento puedan identificarse y almacenarse en un futuro avatar a corto plazo. Las preguntas clave continúan desalentadoramente sin respuesta. Si pensamos en el Capítulo 1, donde exploramos el proceso de formación de la memoria, uno de los desafíos de decodificar los recuerdos es cómo se almacenan en todo el cerebro los pequeños detalles de cada uno de ellos. Un solo recuerdo puede estar formado de conexiones con nuestras áreas emocionales, áreas visuales, áreas lógicas y muchas otras. Por ejemplo, sería un solo receptor o canal iónico responsable de recordar el momento en el que una vez te reíste de un chiste, de los sentimientos de empatía que tuviste por una persona querida o de apreciar una pintura que viste en un museo. Aún más intrigante – si comprendemos estos cambios, ¿podríamos borrar los recuerdos que no queremos? Es posible que desees recordar una experiencia feliz en un parque temático, por ejemplo, pero no la parte en la que acabas vomitando después de haber bajado de una de las atracciones.

Lo que es más plausible es que aprendamos a «leer» algunos de los datos del cerebro a un nivel básico, como de qué década son los recuerdos, qué idioma hablaba una persona o una descripción vaga de un lugar visitado anteriormente. Esto es un desafío mayor de lo que parece porque un recuerdo no se almacena como un carrete de película o una imagen: en cambio, consiste en una colección de detalles de interacciones neuronales, cada una con sus propios cambios sutiles. Decodificar este conectoma requeriría una poderosa IA para aprender no solo cómo están conectadas las células cerebrales, sino por qué están conectadas. Para resolver este problema, se podría colocar en la persona un casco inalámbrico, conectado con una IA avanzada, durante meses antes de que el cerebro se someta al proceso de conservación. La información sería de crucial ayuda para decodificar el conectoma, para reanimar las vías cerebrales en un cerebro sintético o «reiniciar» el cerebro orgánico original.

Supongamos que es posible recuperar recuerdos de un cerebro después de la muerte cerebral. Dependiendo de cuánto tiempo haya estado muerto el cerebro, puede ser posible almacenar nuestros recuerdos post mortem, se podría utilizar para resolver crímenes accediendo a los últimos recuerdos antes de un asesinato. O quizás algún día descargaremos recuerdos de personas vivas, usando un dispositivo inalámbrico como prueba en un juicio penal. Con el tiempo, el mercado de masas utilizará esta tecnología y, con ella, creará un futuro en el que podamos recordar nuestros propios recuerdos a voluntad, utilizando un dispositivo inalámbrico para identificar un recuerdo feliz, acceder a instrucciones para llegar a un lugar una vez visitado o una simple lista de la compra.

Futuras investigaciones científicas y los productos de la neurociencia con mucha probabilidad se moverán en la dirección de la tecnología no invasiva. Hoy en día, nuestros datos más fiables provienen de electrodos implantados quirúrgicamente en el cerebro. A menudo, estudios actuales reclutan a personas que tienen implantes de electrodos para tratar ataques epilépticos y minimizar los procedimientos invasivos en personas que no precisan de estos implantes. Aunque muy lentamente, nos estamos moviendo hacia un futuro que podría detectar cambios cerebrales de forma inalámbrica, como veremos a continuación.

MISMA CABEZA, NUEVO CUERPO

Si queremos conservar nuestro cerebro, ¿no podemos eliminar al intermediario, literalmente? ¿Por qué molestarse en almacenar y descodificar nuestro cerebro cuando morimos, si podemos trasplantar nuestra cabeza a otro cuerpo sano?

Pausa para que la persona leyendo esto pueda ir a vomitar

En 1908, un científico llamado Charles Guthrie intentó trasplantar la cabeza de un perro en el cuello de otro. El pobre perro no vivió más que unas horas. Sin embargo, si nos adelantamos a 1971, un equipo de cirujanos llevó a cabo un espantoso trasplante de la cabeza de un mono al cuerpo de otro mono. El mono sobrevivió durante 8 días y los cirujanos lograron restablecer algunas sensaciones básicas como el olfato, el gusto y el oído.[8] Por supuesto, esto es material para pesadillas y un recordatorio de los sacrificios que, lamentablemente, se hacen en nombre de la ciencia. Más tarde, en 2019, un hombre ruso de 33 años llamado Valery Spiridonov, que padecía una enfermedad que le provocaba desgaste muscular, iba a convertirse en el primer ser humano en someterse a un trasplante de cabeza completa al cuerpo de otra persona. Años antes de la posible operación, se había asociado con el neurocirujano italiano Sergio Canavero para realizar este primer trasplante de cabeza humana del mundo. Sin embargo, Spiridonov se retiró hace poco como voluntario para la operación, tras casarse con su actual pareja y decidir que no quería someterse a el arriesgado procedimiento. La ciencia está claramente decidida a demostrar la viabilidad de este tipo de cirugía, ya que Canavero se ha comprometido a encontrar otro voluntario en el futuro.

Aparte de las consideraciones éticas de este tipo de cirugía (Canavero tiene dificultades para realizar su investigación en muchos países por este motivo), las capacidades técnicas necesarias para llevarla a cabo están muy lejos de nuestro alcance a día de hoy. Entender cómo volver a unir una médula espinal y sus neuronas, o preservar el flujo sanguíneo del cuerpo y hacia el cerebro, o cómo combinar varias habilidades quirúrgicas para el cuello, los vasos sanguíneos, los nervios y todo lo demás, son retos que la mayoría no cree que seamos capaces de resolver por el momento.

INTERFACES CEREBRO-ORDENADOR

Una de las ideas más emocionantes que ha surgido de combinar la neurociencia con la ingeniería es la que más va a influir en la forma en que vivamos nuestras vidas en el futuro.

Las llamadas interfaces cerebro-ordenador, o ICO, permiten una comunicación directa entre el cerebro humano y un ordenador. Simplemente utilizando el poder de nuestros pensamientos, podemos interactuar con el mundo que nos rodea de una forma completamente nueva. De hecho, las investigaciones en este campo no han dejado de mejorar desde los años 70, y ahora por fin empezamos a ver los beneficios de esta tecnología y todo su potencial. Este ámbito está creciendo a un ritmo tan acelerado que se espera que el mercado de consumo de la ICO mueva 4.000 millones de dólares 2027.

La realidad virtual ya está entre nosotros, y cualquiera que tenga una consola de videojuegos probablemente haya visto los accesorios anunciados en alguna parte. Van desde unos pequeños cascos en los que se inserta un móvil, hasta un juego de carreras totalmente inmersivo en el que cada ángulo de visión te proporciona una sensación realista de estar conduciendo en el exterior. Neurable, una empresa de Boston (EE.UU.), nos ha acercado un poco más a la máxima experiencia al presentar su juego de realidad virtual, llamado Awakening. Lo diferente de este juego es que el movimiento en esta realidad virtual se controla con tu mente. Otras empresas como Nextmind también quieren combinar la neurociencia de vanguardia con las nuevas tecnologías para crear productos como éste para el público de masas. La empresa ha desarrollado unos cascos que analizan el movimiento de los ojos de una persona y lo traducen en una orden. Por ejemplo, si se llevan los cascos mientras se ve la televisión, pueden cambiar de canal, subir el volumen y lanzar pantallas del menú. Ya está disponible para la venta al público, pero es solo el primer paso en el desarrollo de la ICO.

Varias empresas, como Brainco, Neurosity, Paradromics o Neurable, están investigando nuevas formas de registrar y controlar mejor los electrodos en el cerebro. En la actualidad, las mediciones más precisas de nuestro cerebro proceden de electrodos implantados quirúrgicamente que se introducen en el propio cerebro. Por supuesto, esto no sería aplicable para el uso en el público en general, y hoy en día este método se reserva solo para personas con trastornos cerebrales graves que no pueden ser tratados de otra manera. Los electrodos pueden ser tan pequeños como un cabello humano en un intento de minimizar el daño al propio cerebro. Los dispositivos de EEG inalámbricos están en desarrollo y serán la dirección que seguirá esta tecnología en el futuro, miniaturizándose finalmente hasta un tamaño imperceptible para los que le rodean. En la actualidad existen en el mercado varias ICO que utilizan mediciones estándar de EEG y que se anuncian como una ayuda a la meditación, los niveles de atención, el sueño y los estados emocionales. El registro de las señales cerebrales de término medio, entre el registro de alta sensibilidad con electrodos y las técnicas no invasivas de baja sensibilidad, está siendo estudiado por una empresa llamada Synchron. En 2020 consiguió insertar electrodos a través de la vena yugular del cuello, lo que permitió a dos pacientes con enfermedades de las neuronas motoras, incapaces de moverse, comunicarse por medio de mensajes de texto.[9] Para ello, un software de IA pasó semanas asimilando sus señales cerebrales para aprender a seleccionar palabras a medida que las personas simplemente pensaban en las palabras. Esto es muy importante ya que sugiere que se puede lograr una mayor detección de las señales cerebrales sin tener que insertar electrodos en el cerebro, y aunque esto solo tiene aplicación en el ámbito de la medicina, más que en productos de consumo, nuevos estudios ya están buscando mejorar los dispositivos de registros de electrodos. La inserción de electrodos siempre causará daños en las células cerebrales, y aunque la cirugía inicial para su implantación es relativamente segura, no entendemos los daños a largo plazo que causan los electrodos implantados. Nuevos dispositivos de registro que puedan medir perfectamente las señales cerebrales sin causar daños a las células superarían esta limitación.

ESCRIBIR COMO UN ORDENADOR

En 2017 Facebook se atrevió a afirmar que crearía un dispositivo portátil que podría transformar tus pensamientos en palabras a una velocidad impresionante, intentando escribir 100 palabras por minuto (la media es de 40). Los Reality Labs (laboratorios de realidad virtual y aumentada) de Facebook se están asociando con varios equipos de investigación de universidades para desarrollar un sistema de IA que pueda traducir los pensamientos de una persona en texto analizando su actividad cerebral. Hasta el momento, un equipo ha creado una IA capaz de reconocer 250 palabras, aunque actualmente se seleccionan a partir de frases preseleccionadas – lo que dista mucho de una conversación real. Una década después de que se descodificara por primera vez el habla a partir de la actividad cerebral, esta tecnología aún está en sus comienzos, pero Facebook ha predicho que en los próximos 10 años empezaremos a ver desarrollos más impresionantes en esta línea de investigación. Los de Reality Labs afirman que es probable que esto llegue en forma de cascos de realidad aumentada. Quieren utilizar la luz para medir los niveles de oxígeno en el cerebro, en lugar de los invasivos electrodos cerebrales. Se base en que cuanta más actividad hay en el cerebro, más oxígeno utiliza, algo que se puede observar. Utiliza un método similar al de las resonancias magnéticas, que miden el aumento del flujo sanguíneo en partes del cerebro. Aunque hay mucho por desarrollar, es reconfortante ver cómo la neurociencia está vinculada a la tecnología de vanguardia. Este impulso a los productos de consumo también está ayudando a avanzar en nuestra comprensión del funcionamiento del cerebro y de cómo convierte una señal eléctrica en una acción.

El potencial de esta tecnología seguramente se verá integrado en nuestros hogares de la misma manera que se utiliza actualmente por ejemplo Alexa de Amazon. Podríamos pedir comida para llevar con solo usar unos cascos para convertir nuestros pensamientos en opciones del menú. Las ICO para el consumidor acabarán por tener productos similares a los actuales monitores de actividad física, llevados por millones de personas, que acabarían integrándose en la vida cotidiana. El futuro de las ICO para el público pasa por utilizar dispositivos de realidad aumentada para todo, desde las redes sociales hasta las compras o la interacción con objetos comunes paseando por la calle. Aunque en el futuro estos dispositivos se consideren habituales, los principios neurocientíficos en los que se basan han sido objeto de estudio desde hace más de un siglo.

Esos principios han sido llevados a un nuevo nivel por un equipo de Helsinki (Finlandia). La inteligencia artificial, conectada a los dispositivos de EEG de 31 personas, fue capaz de aprender lo que éstas personas podían ver.[10] Este aprendizaje de la IA es lo que los científicos denominan modelado generativo neuroadaptativo (los científicos parecen disfrutar inventando estos nombres impresionantemente largos). Los voluntarios tenían que mirar determinadas caras o personas sonrientes, mayores o jóvenes, hombres o mujeres, y con el tiempo la IA aprendió a interpretar esas señales. Pero eso no es todo, no solo aprendió a leer esas señales, sino que empezó a interpretarlas y a formar su propia imagen de lo que las personas estaban viendo. Creó imágenes completamente nuevas de lo que creía que los voluntarios podían estar viendo. Esto es impresionante, porque si queremos crear un futuro en el que aprendamos a decodificar la información del cerebro, el aprendizaje automático de la IA tendrá que desempeñar un papel crucial. Este experimento demuestra hasta qué punto estamos cerca de conseguirlo, aunque solo sea a un nivel básico por el momento.

COMUNICACIÓN

Hemos visto los primeros indicios de como la neurociencia beneficiará la comunicación. En términos prácticos, la neurociencia ofrece una oportunidad única para ayudar a comunicarse a las personas que no tienen la capacidad de hacerlo de forma independiente. Hoy tenemos el conocimiento científico para que las personas que no pueden hablar ni mover ninguna parte de su cuerpo se comuniquen escogiendo lentamente letras, o palabras previamente elegidas, mediante movimientos oculares. Por muy buena que sea esta técnica, podemos hacerlo mejor. Si miramos al futuro, hay un gran potencial de mejora.

Si convertir tus pensamientos en una voz computarizada es un proceso lento, ¿por qué no omitir la voz e ir directamente al cerebro de la otra persona? En 2019, Andrea Stocco, de la Universidad de Washington en Seattle (E.E.U.U.) logró una comunicación de cerebro a cerebro, con el apoyo de dos voluntarios que observaban una luz a 15 Hz o bien a 17 Hz.[11] Anteriormente, se había demostrado que si conectamos el cerebro a un EEG, podemos observar las diferencias en la forma en que el cerebro responde a las diferentes frecuencias de la luz. En el experimento, cuando las dos personas miraban la luz de 15 Hz, la luz era detectada por el EEG colocado en la cabeza y convertida en una señal a través de una conexión informática local. Este mensaje se enviaba entonces a otra habitación, donde se le transmitía esa señal eléctrica directamente al cerebro de una tercera persona. Si la señal era de 15 Hz, la tercera persona vería un destello de luz (su actividad cerebral hace que esto ocurra). Si era de 17 Hz, no habría ningún destello de luz. Esta técnica es todavía muy nueva, pero lo que demuestra es que las ondas cerebrales pueden transmitirse a otra área y decodificarse en un mensaje. De momento, este mensaje será el equivalente a un código binario (1s y 0s), lo que no es especialmente fascinante, pero significa que es posible la comunicación silenciosa (no a través del habla) entre personas que se encuentran en lugares diferentes. En este experimento, el ver un destello de luz sería un 1 y no ver ninguna luz sería un 0. Todo ello solo con la mente. Teóricamente, no habría un límite en la distancia a la que se podría enviar esta señal, lo que significa que podría establecerse una comunicación a nivel global. Podrías estar en una reunión aburrida, pero enviando un mensaje silencioso a tu amigo sobre los planes para la cena sin que tu jefe se entere, siempre que tu amigo entienda el código binario. Si los neurocientíficos consiguen categorizar el significado de las diferentes ondas cerebrales, esto podría ser útil para los cascos de realidad virtual, en los que se podría explorar Internet, por ejemplo, solo con nuestros pensamientos. Podríamos caminar online mientras estamos sentados en el sofá. Por supuesto, esto es un futuro lejano, pero la ciencia nos dice que será posible algún día.

Este experimento demostró que es posible a día de hoy enviar una señal básica a una persona, pero en un futuro se podría lograr la comunicación entre cientos de personas, simultáneamente. La enseñanza, las reuniones de negocios y los eventos sociales podrían establecerse a través de estos conceptos experimentales, aunque para un producto de consumo completo probablemente se requeriría mucho más tiempo I+D que para los estudios de laboratorio. La gente tendrá que aprender a aceptar esta nueva tecnología, y los productos de alta resolución y no invasivos (es decir, sin usar electrodos, sino cascos) tendrían que demostrar que son seguros, fiables y asequibles para que lleguen al público, lo que espero que así sea.

IDIOMA

Si hablar con la mente con otra persona no es suficiente, Microsoft ha desarrollado la tecnología para traducir 70 idiomas en tiempo real en conversaciones cara a cara en vivo. La aplicación Microsoft Traductor es la primera etapa en el desarrollo de un traductor universal, pero ya permite que 100 personas se unan a una conversación (limitada a que una persona hable a la vez). Teniendo en cuenta que el traductor aprende más de un millón de palabras por cada idioma (hay que tener en cuenta que el vocabulario de una persona es de solo unas 20.000 palabras), es un sólido punto de partida para futuros comunicadores y transmisores universales. Los avances en este campo podrían permitir que las traducciones se produjeran dentro de nuestros propios cerebros, sin necesidad de un dispositivo externo que tradujera la conversación. Si la comunicación de cerebro a cerebro sigue avanzando por la misma trayectoria que se prevé, esta traducción podría producirse de forma rápida e imperceptiblemente como parte de nuestros propios pensamientos. Podrías escuchar a otra persona hablando dentro de tu cabeza (aunque eso suene bastante horroroso en un principio). Si no quisieras tener diferentes voces en tu cerebro, no te preocupes. Las próximas generaciones de traductores probablemente se integrarán en algún tipo de dispositivo portátil, como unas gafas o un auricular, pero la perspectiva del binomio ICO y traductores de idiomas es fascinante.

Por otro lado, por muy importante que sea hablar con otras personas, hace mucho tiempo que los humanos sueñan con comunicarse con los animales. Una empresa llamada Zoolingua cree que su invento para comunicarse con los perros está a menos de 10 años vista. Mediante la observación a perros a través de imágenes de vídeo, Zoolingua cree que puede descifrar cada ladrido y sonido y convertirlo en una traducción que podamos comprender. Teniendo en cuenta que el 70% de los dueños de mascotas dicen que pueden entender claramente las formas de comunicación de su propia mascota, es posible que veamos dispositivos de traducción para mascotas razonablemente pronto. Dicho esto, actualmente hay mucho que no sabemos sobre la comunicación entre animales, en particular sobre sus centros lingüísticos en el cerebro. Los centros del habla y el lenguaje en el cerebro humano están muy desarrollados, y trasladar nuestros conocimientos del cerebro humano a los de otros animales ha resultado en general ser poco fiable.

Como los perros se comunican principalmente a través del lenguaje corporal y utilizan una forma de comunicación más básica que los humanos, un grupo de la Universidad Estatal de Carolina del Norte ha creado un ordenador montado en un arnés con sensores que monitorizan y decodifican el estado emocional del perro. Aunque esto no sea de gran utilidad para los dueños de mascotas, se está impulsando esta tecnología para ayudar a entrenar a los perros de búsqueda y rescate, de detección de bombas y de servicio. Si la tecnología y la ciencia siguen desarrollándose, los dispositivos portátiles serían una base sólida para conectar las mentes de humanos y de animales. Puede que no se trate de una comunicación directa, sino de compartir algunas respuestas emocionales básicas.

Parte II: Salud y enfermedad

Organoides

Históricamente, para que los neurocientíficos aprendieran cómo funcionaban las distintas regiones del cerebro y por qué eran importantes, se basaban en observar los resultados de lesiones cerebrales. Estas lesiones provocaban algún tipo de limitación de la función cerebral, y los científicos solían a menudo dañar áreas específicas en animales para observar sus efectos (en el siglo XX se produjeron algunos casos de ética muy cuestionables). Otras técnicas experimentales se basaban en la modificación del funcionamiento de las células cerebrales mediante la adición de fármacos para aumentar o disminuir la función cerebral. Investigaciones futuras dependerán de la inversión científica en mejores modelos para analizar enfermedades. Los modelos son, esencialmente, experimentos realizados en un laboratorio para probar los tratamientos antes de que lleguen a los pacientes.

Por supuesto, los científicos se basan en modelos en la investigación actual, pero lo que realmente necesitamos son experimentos que nos muestren como es el inicio de la enfermedad. Esto es extremadamente difícil de estudiar en las personas. Para cuando aparecen los síntomas neurológicos, la enfermedad está avanzada, por lo que los científicos están buscando nuevas formas de modelar las primeras fases de la enfermedad. Al comprender la patogénesis de un trastorno (el cómo se desarrolla), la futura atención médica puede enfocarse en los marcadores del inicio de la enfermedad. Los marcadores podrían ser proteínas específicas que se liberan en el cuerpo y que señalan que la enfermedad se está desarrollando. Son estos biomarcadores los que podrían cambiar la forma de examinar y detectar precozmente los trastornos neurológicos. Aunque los científicos puedan encontrar diversos cambios en la sangre de un paciente (donde normalmente se buscan los biomarcadores), a menudo no se correlacionan muy bien con las primeras fases de una enfermedad. Por eso necesitamos entender mejor lo que ocurre, para poder encontrar unos nuevos más fiables biomarcadores.

Con los avances en modelos de estudio como el de los organoides, que estamos a punto de explorar, entramos en una nueva era de descubrimiento de biomarcadores específicos de una enfermedad, lo que ayudará a diagnosticar y tratar enfermedades con mayor precisión que nunca.

Los organoides cerebrales aportarán una nueva forma de entender mejor las enfermedades, y los neurocientíficos ya los están utilizando para aprender más sobre el cerebro y la patogénesis de las enfermedades. Los organoides cerebrales son grupos de células madre cultivadas en un laboratorio que se transforman en diferentes tipos de células, formando una especie de minicerebro tridimensional. En los laboratorios actuales, estos son demasiado sencillos para parecerse a un cerebro humano, ya que carecen de vasos sanguíneos y de un sistema inmunitario, pero los organoides sí que tienen algunas de las características fundamentales necesarias que nos permiten estudiar el cerebro. Por ejemplo, los científicos pueden observar cómo los distintos tipos de células interactúan entre sí para obtener una visión sin precedentes de los sistemas celulares.[12] Al observar el ciclo de vida de las células de los organoides, los investigadores pueden comprender mejor cómo se desarrollan las enfermedades.

Por ejemplo, un equipo de investigadores de la Facultad de Medicina de Harvard ha creado un organoide que imita la enfermedad de Alzheimer y estudiar cómo se produce y se acumula en el interior de las células el péptido β-amiloide (beta-amiloide o Aβ por sus siglas en inglés), una pieza clave de la enfermedad de Alzheimer.[a] El equipo cree que este tipo de organoide podría conducir al descubrimiento de futuros biomarcadores y pruebas novedosas aplicables para otras enfermedades genéticas.

Los organoides pueden ser especialmente importantes en trastornos psiquiátricos como la esquizofrenia, donde los resultados de los experimentos con modelos animales son difíciles de aplicar a los humanos. Hasta ahora, los modelos experimentales no están equipados para darnos los detalles que necesitamos para traducirlos a los cerebros humanos, aunque cada vez estamos más cerca de un modelo del cerebro humano. Los organoides son un aspecto relativamente nuevo en la investigación neurocientífica, pero los futuros organoides que combinen técnicas como la ingeniería de tejidos con la biología sintética, en la que se podría introducir la nanotecnología en las células vivas, serían un potente avance hacia el futuro para esta técnica.

Los científicos podrían utilizar esta combinación de varias tecnologías para observar y registrar los procesos celulares, por ejemplo, cómo se desarrollan y se deterioran los mecanismos de transporte a lo largo de la célula cerebral, o qué cambios celulares dan lugar a la memoria a largo plazo. Si, por ejemplo, se pudieran utilizar andamios hechos por humanos o virus programados para ayudar a las neuronas a encontrar otras neuronas para formar nuevas conexiones, se podría utilizar un sistema de organoides mejorado para

---

[a] Se observaron específicamente las mutaciones en los genes APP (proteína precursora amiloide) y PSEN1 (presenilina 1) porque se sabe que son factores de riesgo para desarrollar la enfermedad de Alzheimer.[13]

estudiar cómo funcionaría. Por ejemplo, un estudio realizado en 2020 mostró cómo el virus del herpes puede producir directamente un nuevo sistema de organoides para la enfermedad de Alzheimer, el cual tiene muchas de las características de la enfermedad real tal como se presenta en los seres humanos.[14] Quizás la próxima vez sientas un poco más de admiración por ese herpes labial en tu boca.

Estos estudios sin duda conducirán hacia importantes mejoras en la protección contra la pérdida neuronal en la demencia, el ictus cerebral y el cáncer. En realidad, esta tecnología ya se está adoptando, como en la nanomedicina que se pueden utilizar ya ensamblajes 3D de células para personalizar su configuración en la manera que los científicos quieran, usando una técnica llamada DPAC (ensamblaje de células programadas por ADN). Sencillamente, es una forma un poco larga de explicar cómo los científicos pueden controlar la forma de las estructuras celulares en 3D. Tiene el potencial de crear miles de organoides diminutos a la vez, que tienen la capacidad de pegarse unos a otros como el velcro y crear cultivos más extensos «similares a un cerebro».[15] Piensa en los organoides DPAC como si fueran piezas de Lego que se ensamblan para crear un cerebro de Lego más grande. Esta tecnología ayudará a los científicos a acercarse aún más a la creación de una región entera del cerebro en el laboratorio, que podría utilizarse para el cribado de medicamentos, la enseñanza y el aprendizaje, y los trasplantes parciales en el próximo siglo.

La nanomedicina va más allá y está empezando a utilizar andamios de grafeno, un material de carbono con el grosor de un solo átomo que puede moldearse para que las células cultivadas en el laboratorio se desarrollen de forma más precisa, como una pieza de Lego aún más pequeña y especializada. Las células cultivadas en tres dimensiones (en lugar de dos dimensiones como en un plato llano de laboratorio) asemejan mejor el cuerpo humano real. Los andamios de grafeno son especialmente interesantes porque pueden volverse a introducir dentro del cuerpo, con células adheridas, para promover el crecimiento celular normal. Los científicos esperan que estas células puedan ayudar a reparar las células de la médula espinal y del cerebro, lo que hoy en día es un reto increíblemente complejo. Esto podría cambiar radicalmente el pronóstico de pacientes que han perdido la sensibilidad en partes de su cuerpo por un traumatismo en la médula espinal y no pueden caminar, o de aquellos que han sufrido un traumatismo en el cerebro, lo que ha provocado la muerte de las células y afectado al habla, la capacidad de movimiento o los recuerdos. Podría influir significativamente en la vida de muchas personas a las que la medicina todavía no puede tratar.

Al unir células entre sí, de la manera que los científicos quieran, se abre todo un nuevo nivel de diseño experimental. Un nivel que acerca a los científicos a la creación de un cerebro real del cual aprender.

CRISPR

Una de las motivaciones más puras de la medicina es mejorar nuestros estándares de salud y permitirnos vivir más tiempo y ser más felices – una idea sencilla, pero un reto extremadamente complicado. Nuestro cerebro puede hacer cosas extraordinarias, pero esta capacidad también conlleva un mayor riesgo de errores. Las enfermedades que afectan al cerebro a lo largo de nuestra vida acabarán siendo prevenibles o reversibles hasta el punto de que podremos vivir con una calidad de vida casi indistinguible de la de alguien con un cerebro normal y sano.

La neurodegeneración[b] de nuestras células cerebrales, como se observa en las enfermedades de Alzheimer, Parkinson y Huntington, es un área que necesita desesperadamente tratamientos nuevos e innovadores.

Hay cientos de ensayos clínicos en marcha para tratar la neurodegeneración, pero como muchos ensayos fracasan en humanos, rara vez vemos que un paciente se beneficie de estos ensayos. Normalmente, los ensayos clínicos para la neurodegeneración pueden tardar hasta dos años en demostrar algún beneficio. Aunque nos gusta imaginar que un paciente se recuperará inmediatamente con mejoras claras y evidentes, lo normal es que el ensayo establezca solo pequeñas mejoras en la capacidad cognitiva, que tardan tiempo en probarse.

Sin embargo, el futuro de los tratamientos médicos parece prometedor. Aunque han pasado más de 18 años desde la última vez que Estados Unidos aprobó un nuevo medicamento

---

[b] La neurodegeneración es el término que se usa cuando las células del sistema nervioso central (cerebro y médula espinal) pierden sus funciones y estructuras y no funcionan como deberían.

Salud y Enfermedad

para la enfermedad de Alzheimer, ahora estamos más cerca que nunca de una nueva generación de tratamientos. El anticuerpo monoclonal aducanumab de Biogen para tratar el Alzheimer ha demostrado ralentizar la progresión de la enfermedad[16] y, aunque sus efectos son muy limitados, representa un gran paso adelante en nuestro enfoque para frenar la progresión de la enfermedad – una señal alentadora para el futuro próximo. Teniendo esto en cuenta, pronto empezarán a aparecer terapias que ralenticen la progresión de la enfermedad, con el objetivo de ofrecer a las personas unos años adicionales y preciosos de vida relativamente normal.[c] Las sutiles diferencias genéticas en los trastornos neurológicos hacen que sea más difícil producir respuestas similares en todos los pacientes; es más probable que los tratamientos de nueva generación se centren en subgrupos de pacientes con componentes genéticos específicos de la enfermedad a los que se pueda atacar con mayor precisión y con mejores resultados (una táctica conocida como medicina personalizada).

La idea de tomar unos cuantos medicamentos y esperar a que los beneficios lleguen, probablemente está llegando al final de sus días, y el desarrollo de novedosos tratamientos utilizará sin duda nuevas tecnologías que ya están mostrando resultados prometedores. Veamos algún ejemplo.

En 2012, Emmanuelle Charpentier y su equipo de investigación demostraron que un pequeño trozo de ARN (la

[c] El BIIB092 (gosuranemab) y el RO7105705 (semorinemab) son anticuerpos IgG4 anti tau y actualmente son el objeto de algunos de los ensayos clínicos más prometedores, con evidencia de una reducción de hasta el 96% de la proteína tau en el líquido cefalorraquídeo. La tau es una proteína que se encuentra en las neuronas y contribuye a la señalización celular, la plasticidad y la regulación de los genes. Sin embargo, una vez sintetizada, puede cambiar su forma y causar daños dentro de la neurona. Cuando las moléculas tau se aglomeran, pueden acabar provocando la muerte neuronal.

base genética para el ensamblaje de proteínas) podía ensamblarse de forma que guiara una proteína específica[d] hacia una secuencia de ADN concreta.[17] Esto es importante porque no se trata de una proteína cualquiera. Se trata de una que corta la cadena de ADN en nuestras células, de modo que ya no se parece a la familiar doble hélice – sino que algunas partes ahora flotan libremente. Cuando el cuerpo nota que el ADN no está en su forma de doble hélice habitual, se activan los mecanismos de reparación. Normalmente, esto mantiene nuestro ADN en buen estado de funcionamiento. Este proceso de reparación ocurre en realidad todos los días de nuestra vida. Ni siquiera tenemos que hacer nada, podemos relajarnos y dejar que nuestro cuerpo haga el resto.

Una técnica llamada CRISPR, abreviatura de Clustered Regularly Interspaced Short Palindromic Repeats (Repeticiones Palindrómicas Cortas, Agrupadas y Regularmente Espaciadas, en castellano), aprovecha el hecho de que este mecanismo de reparación dista mucho de ser perfecto y es propenso a introducir errores. A veces, esto hace que el organismo produzca una secuencia de ADN defectuosa que impide que esa sección, o gen, funcione apropiadamente. CRISPR es una poderosa herramienta si se quiere detener un gen ya «defectuoso» o impedir que un gen concreto se manifieste, permitiendo a los científicos observar los efectos. CRISPR puede incluso introducir nuevos genes. Por ejemplo, podría utilizarse en plantas y animales para aumentar la resistencia a factores ambientales como la sequía o potencialmente eliminar la capacidad de reproducción de los mosquitos portadores de la malaria.

---

[d] La proteína más utilizada, la Cas9, se adaptó a partir de las defensas bacterianas contra los virus y otros patógenos, mediante las cuales cortaban el ADN desconocido para detener el ataque.

El uso más emocionante de CRISPR podría ser la ampliación de nuestra gama de herramientas experimentales para entender el impacto de los genes en las enfermedades neurológicas y por qué aparecen esas enfermedades aparecen en primer lugar. Esta emocionante perspectiva de futuro con CRISPR tiene a los científicos frotándose felizmente las manos con la anticipación. Si alguna vez notas a un científico haciendo esto, ya sabes en qué está pensando. Al aprender más sobre cómo las mutaciones genéticas conducen a enfermedades como el Parkinson y el Alzheimer, podríamos ver avances en los tratamientos antes de lo que se pensaba. Las futuras terapias podrían centrarse en revertir una enfermedad ya presente o evitar que se produzca del todo al reparar los genes que conducen a la enfermedad.[e,18] Para demostrarlo, el equipo de investigación de Birgitt Schüle, en Estados Unidos, cultivó células madre y corrigió los daños en el ADN que se observan habitualmente en la enfermedad de Parkinson.[19] El objetivo es que las células madre se vuelvan a reinsertar en el paciente como una especie de terapia de sustitución de células madre.

---

[e] El método CRISPR tienen como objetivo varios defectos genéticos, como la fibrosis quística, las cataratas y la anemia de Fanconi, aunque aún están en fase experimental. Los equipos de investigación también intentan utilizar CRISPR para atacar infecciones bacterianas y víricas con la esperanza de encontrar una secuencia de ARN común en la cual basar una terapia universal.

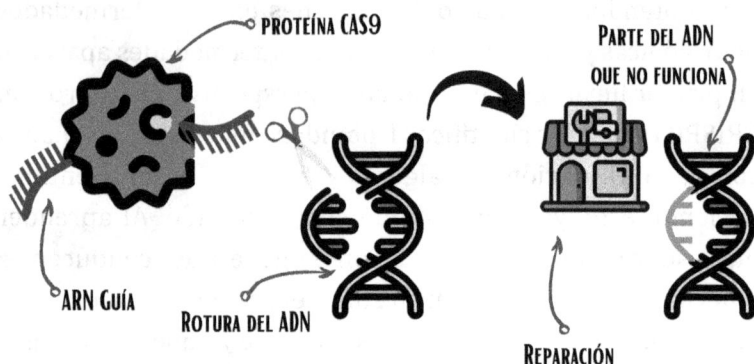

CRISPR es una herramienta de edición de genes. Al producir cortes en ubicaciones precisas del ADN, los mecanismos de reparación pueden hacer que un gen deje de funcionar.

Un método similar también ha recibido optimismo para el tratamiento de la enfermedad de Alzheimer después de que las células madre fueran reprogramadas para hacerlas resistentes a la enfermedad y al deterioro cognitivo relacionado con la edad.[20] Este nuevo estilo de terapia génica también es aplicable a otras afecciones. Un equipo de investigación de Estados Unidos ha editado células madre para corregir una mutación genética implicada en la fibrosis quística,[21] y los genes de un tipo específico de anemia fueron alterados por científicos como parte de una de investigación internacional entre dos grupos de Estados Unidos y Alemania.[22]

Para finales del siglo, esta técnica se utilizará de forma rutinaria para alterar el código genético de las personas con mayor riesgo de desarrollar enfermedades neurodegenerativas.[23] Por supuesto, las implicaciones éticas son enormes y deben considerarse cuidadosamente, pero las aplicaciones científicas siguen siendo sorprendentes. Las perspectivas de futuro para CRISPR son apasionantes y, de hecho, ya se están realizando ensayos clínicos para alterar células inmunitarias fuera del cuerpo del paciente, programándolas para combatir el cáncer.[f,24] Una de las razones por las que se utilizará CRISPR en el futuro es su bajo coste y su relativa sencillez, lo que garantizará que más grupos de investigación, sobre todo en los laboratorios con menor financiación, puedan desarrollar la técnica para tratar diversas enfermedades. Una mayor variedad de grupos de investigación que reproduzcan los datos existentes mejorará la velocidad a la que veremos utilizar CRISPR para futuros tratamientos. Dado que solo cinco años después de la introducción de CRISPR los científicos afirmaron haberla utilizado ya para eliminar defectos cardíacos en un embrión,[g,25] el futuro del tratamiento de enfermedades neurológicas puede estar en la manipulación genética.

No cabe duda de que el uso de CRISPR va a ser importante en el futuro de la neurociencia, pero hay cuestiones no resueltas que limitan su uso potencial y que las investigaciones en curso en los laboratorios están tratando de

---

[f] CRISPR se utiliza para diseñar las células T de los pacientes (células inmunitarias cruciales que eliminan células infectadas y estimulan a las células B para que produzcan anticuerpos) para que expresen un nuevo receptor que reconozca las células cancerosas. Las células inmunitarias modificadas se sustituyen en la sangre de los pacientes, encontrando altas tasas de éxito. Además, los estudios en roedores en los que los científicos eliminan el gen responsable de la supresión de las células T han dado como resultado un aumento del recuento de células T y una disminución del tamaño del tumor. Este equipo de investigación pretende utilizar esta intervención en una fase temprana del cáncer para mantener niveles elevados de células T en los pacientes.

[g] Un esfuerzo internacional llegó a estos datos, aunque algunos científicos dudan de su credibilidad y dicen que el ADN dañado no se corrigió, sino que se eliminó por completo.[26]

resolver. Una tecnología novedosa trae nuevos retos, y la precisión de este mecanismo de reparación no es tan buena como los científicos cabrían esperar. Inicialmente, los resultados más positivos solo ofrecían una eficacia en torno al 80%, lo que significa que no funciona como se pretende el 20% de las veces. Esto descartaría la mayoría de los usos en enfermedades humanas, pero a medida que la tecnología se desarrolle, también lo harán la especificidad y la eficacia de la técnica. Así lo demostró ya un grupo de científicos en 2018, cuando CRISPR alcanzó un nuevo nivel de fiabilidad. Al analizar miles de piezas de ADN, y miles de millones de combinaciones potenciales, los científicos fueron capaces de desarrollar un método para predecir con precisión qué secuencias deben ser el objetivo para mejorar la eficiencia, lo que significa menos errores y mayor fiabilidad.[27] ¡Futuro, aquí vamos!

Otro reto es que la propia proteína, la que corta el ADN, es relativamente grande y, por tanto, encontrar su camino hacia el núcleo de una célula (donde se realiza la edición) es difícil. Normalmente se empaqueta en un virus (perfectamente seguro a este punto) porque justamente los virus están diseñados para una cosa, que es llegar al núcleo de una célula. El problema es que el tamaño limita el número de genes que se pueden editar de cada vez, y mejorar este rendimiento es lo que los científicos han estado tratando de lograr. Afortunadamente, no han tenido que esperar mucho para ver una mejora. Un equipo de investigación demostró recientemente cómo se pueden editar múltiples genes a la vez (editando hasta 25).[28] Aunque habrá que editar más genes que solo 25, potencialmente cientos, demuestra que los científicos van en la dirección correcta y están abordando los retos con optimismo y creatividad. Esto sugiere que en el futuro se podrán editar más genes y con una mayor eficacia, y que veremos una nueva generación de terapias que se beneficiarán de las técnicas de edición genética como CRISPR.

STAR TREK

Así que, si podemos modelar mejor las enfermedades en un laboratorio y utilizar nuevas técnicas de imagen, ¿cómo sería en la realidad? ¿Podría miniaturizarse esta tecnología y ser utilizada por los pacientes sin necesidad de acudir al hospital? ¿Veremos alguna vez un futuro en el que utilicemos escáneres manuales similares a los que se usan en la famosa serie de televisión Star Trek? Bueno, la respuesta más breve es sí.

En 2012, Qualcomm patrocinó una multimillonaria competición, el premio «XPrize» para dar vida al tricorder de Star Trek. En la popular serie de ciencia ficción, este tricorder podía utilizarse para escanear el ADN de formas de vida alienígena, diagnosticar multitud de enfermedades y lesiones, e incluso analizar elementos de la atmósfera. Gracias a esta fundación de premios, Basil Leaf Technologies ha presentado su prototipo DxtER de escáner impulsado por una IA.[29] Aunque tiene un tamaño mucho más grande en la vida real que el de la serie de televisión, cabe en una tableta o en un smartphone y está equipado con un estetoscopio digital, sensores de muñeca y de pecho, monitores de presión arterial y de glucosa, entre otras funciones. Incluso puede guiar al usuario para que proporcione una muestra de orina para un análisis de laboratorio si es necesario. Lo más impresionante es que, al igual que el escáner de Star Trek, todas las pruebas son no invasivas.

Aunque todas las pruebas se pueden realizar por separado en cualquier hospital, en el futuro la atención médica podría pasar por escáneres todo-en-uno, como éste, siendo algo común. Poder disponer de todas estas pruebas en un solo equipo ayudaría a la gente a llegar a un diagnóstico y a un tratamiento más rápidamente, especialmente en zonas rurales alejadas de los hospitales. En las próximas décadas, el uso de la IA para respuestas automatizadas y visitas hospitalarias en realidad virtual podría ver sustituidas muchas pruebas de laboratorio por escáneres y kits para realizar en casa. Los resultados se enviarían al médico y, si fuera necesario, se podrían ofrecer más pruebas y observación en un entorno hospitalario. El escáner actual tiene el potencial de detectar infecciones, diabetes, problemas de corazón, problemas respiratorios e hipertensión arterial, e incluso puede utilizar un análisis de sangre especial no invasivo (así es, no es necesario extraer sangre). En el futuro, también podría orientarse hacia la salud del cerebro, detectando nuevos biomarcadores de enfermedades neurológicas.

Los escáneres no estarían destinados a sustituir a un médico cualificado en un hospital, pero podrían ser útiles en la detección precoz de enfermedades y en los ensayos clínicos a largo plazo, en los que el paciente podría permanecer en su casa sin necesidad de acudir con frecuencia a los centros de salud. Junto con otros aspectos de los avances neurocientíficos, como las técnicas avanzadas de diagnóstico por imagen, podrían cambiar drásticamente la forma en la que pensamos en los chequeos médicos en el futuro.

Parte III: Mejora de capacidades

Hacia el Matrix

Si la investigación neurocientífica lleva cada vez más a los científicos a colaborar con empresas tecnológicas pioneras, ¿por qué detenerse después de crear los cascos de realidad virtual y los escáneres de Star Trek? ¿Sería posible utilizar nuestros conocimientos sobre el cerebro para mejorarnos a nosotros mismos? No solo podríamos hacernos superhumanos, sino también ayudar a las personas que han sufrido daños irreversibles y se ven obligadas a vivir una vida más limitada.

Gran parte de este capítulo se ha centrado en cómo la neurociencia puede mejorar nuestra salud, aumentar nuestra esperanza de vida o ayudar a personas con problemas que alteran su calidad de vida. Esta sección trata de cómo nuestra comprensión del cerebro puede ayudarnos a ser una versión mejorada de nosotros mismos y hacernos ir más allá de nuestras capacidades naturales. Algo que nos viene a la mente cuando pensamos en la mejora de nuestro cerebro es la película Matrix. Para los que no la hayan visto, la película gira en torno a un personaje llamado Neo que se da cuenta de que está viviendo en un mundo digital, Matrix, y necesita ser «despertado» para volver a la realidad. En un momento de la película, entra en una especie de práctica Matrix, donde su mente puede cargarse con la información que quiera, como aprender kung fu o a usar armas. Esto sucede en cuestión de segundos, y su cerebro tiene ahora la «memoria muscular» para utilizar estas habilidades dentro de Matrix. ¿Existe una forma de enseñarle al cerebro a formar recuerdos por sí mismo, sin tener que pasar por el largo proceso de adquirir la experiencia? Pues más o menos, sí.

Uno de los estudios más impresionantes hasta ahora mencionado en este libro, y que, al menos en mi imaginación, se llevó a cabo durante una tormenta eléctrica en un castillo gótico en algún lugar del mundo, por el que una rata fue capaz de transferir su experiencia de atravesar un laberinto a otra rata, ahorrándole el esfuerzo de aprenderla por sí misma.[30] Para mantener el anonimato, los nombres de las ratas han sido cambiados.

Una rata (Pinky) tenía que realizar una tarea que implicaba tirar de palancas, caminar por un laberinto e interactuar con cosas por el camino. Mientras hacía todo esto, las señales cerebrales se transmitían a otra rata (Cerebro) que estaba relajándose en otro lugar, sin saber de las tareas de Pinky. Los científicos descubrieron que Cerebro aprendía todo mucho más rápido, especialmente lo relacionado con el laberinto. Cerebro necesitó algunos intentos, pero no tantos como Pinky en su primer recorrido por el laberinto. Antes de que nos demos cuenta Pinky y Cerebro estarán trabajando juntos para conquistar al mundo.

Este experimento sugiere que la información se codifica, al menos en parte, de la misma manera en distintos cerebros y que el cerebro aprende a responder a las cosas aunque solo «pretendamos» verlas. Este estudio también nos ayudó a aprender mucho sobre lo mucho que el cerebro depende del tacto y la vista para procesar la información. Piensa en ello como si estuvieras a punto de hacer un examen y tu amigo te diera la hoja de respuestas antes de entrar al examen. La hoja de respuestas no tiene todo perfectamente escrito, pero te da las primeras partes de lo que necesitas y muchas pistas. Esto te da por dónde empezar y elimina gran parte del tiempo de procesamiento que necesitarías para encontrar las respuestas por ti mismo. Precisamente, no sabemos por qué no se puede transmitir el aprendizaje al completo o, en este caso, por qué la hoja de respuestas no está completa. Esto abre la puerta a muchos usos. Puede que en el futuro sea posible elegir algo que queramos aprender, y esencialmente, exponer nuestro cerebro a las instrucciones en lugar de pasar por todo el aprendizaje. Incluso podríamos hacerlo mientras el cerebro está en reposo, durante un estado de sueño, donde nuestro cerebro está consolidando los recuerdos y la nueva información a la que fuimos expuestos durante el día. En teoría, no es una idea tan radical. Nuestro cerebro puede beneficiarse de las actividades sin llegar a realizarlas. Ya se ha demostrado que las técnicas de visualización, como el pensamiento positivo y el ensayo de escenarios en la mente, tienen un gran impacto en el rendimiento deportivo.[31] Un estudio incluso pudo demostrar cómo la visualización podía conducir a un aumento de las señales cerebrales a los músculos, sin moverlos realmente, lo que condujo a una mejora de la fuerza muscular en los dedos y el codo.[32] El avance en la investigación en este campo conducirá sin duda a algunos cambios sorprendentes en la forma en que aprendemos y mejoramos conocimientos.

Solo hay que imaginar que entramos en la tienda Cerebro Market más cercana, cogemos una memoria USB de la estantería para aprender árabe o mandarín y la conectamos a los auriculares mientras nos relajamos en alguna playa. Puede que no aprendamos el idioma por completo, pero la próxima vez que intentemos hablarlo nos parecerá más familiar y, con la práctica, esos recuerdos familiares se convertirán en memorias del idioma a largo plazo. Eso daría un nuevo propósito a un fin de semana de maratón de Netflix o Cerebro Market TV.

PRÓTESIS

Los científicos están buscando como construir componentes implantables para nuestro cerebro, con el fin de restaurar la función cerebral después de que se produzcan daños cerebrales. El proyecto «Hippocampus Rebuild» (reconstrucción del hipocampo) de dos equipos de investigación de Estados Unidos ha dado un gran paso adelante en esta dirección.[33] Han conseguido utilizar los patrones de memoria de una persona para reforzar la codificación y el recuerdo natural de la memoria, como si fueran coristas detrás del artista principal. Están cantando la misma canción, pero haciéndola más potente y, esencialmente, asegurando que el cerebro codifique y almacene la información en una memoria sustentable y duradera, fácil de recordar.

En el estudio, se insertaron electrodos en el hipocampo de pacientes con epilepsia para estudiar la memoria episódica, el tipo de memoria que se utiliza para recordar información útil y hechos de la vida de una persona. Los participantes realizaban tareas de memoria y los patrones de señales eléctricas se registraron, analizaron y «empezaron a cantarles, o reproducirlas de nuevo» a las neuronas cuando se repetía una tarea. La mejora fue inmediata – los participantes fueron capaces de recordar un 37% más. Esto es un logro fantástico y una señal prometedora de que estamos desarrollando con éxito nuestra comprensión de cómo se crean los recuerdos y cómo podemos tratar trastornos relacionados con la memoria en el futuro. El tratamiento de la pérdida de memoria debida a la demencia, los accidentes cerebrovasculares y las lesiones cerebrales se beneficiará de estudios como estos.

Sin embargo, queda todavía mucho camino por recorrer. En la actualidad, solo se intenta reforzar la memoria y no de crear nuevos recuerdos, algo que aún estamos a muchos años de conseguir. Aun así, las posibles aplicaciones son apasionantes. Con el tiempo, técnicamente podríamos crear nuevos recuerdos, ya sean ficticios o reales, para darle vida a las historias y al cine, o para recuperar los recuerdos perdidos a consecuencia de enfermedades y del deterioro cognitivo.

Actualmente se está investigando el diseño de una prótesis ocular hecha con el mismo material que se utiliza en las células solares. Cuando la luz entra en los ojos, estimula a nuestra retina que se encuentra en la parte posterior del ojo. Esta zona está recubierta de millones de células sensibles a la luz que la convierten en una señal que viaja por el nervio óptico hasta el cerebro. La idea que subyace en esta investigación es que, utilizando perovskita, el material conductor y sensible a la luz de las células solares, los científicos pueden crear minúsculos nano cables que se asemejan a las células de la retina. Lo realmente fascinante es que, al ser los cables de perovskita tan pequeños, la densidad de las células de la retina protésica es increíblemente alta – incluso más que la del ojo humano. La retina artificial aún está en fase de desarrollo, pero es posible que no se tarde mucho para que mejores como esta estén disponibles.

Reflexión final

Aunque hoy nos pueda parecer extraño o ridículo, el potencial de la neurociencia para cambiar nuestro futuro es real. Imaginemos un material sintético a escala nanométrica, capaz de estimular la liberación de sustancias químicas cerebrales para promover nuestra propia neurogénesis cerebral (crecimiento de nuevas neuronas). Un material que se programará para actuar solo en neuronas específicas (inyectándolo en la zona del cerebro que queramos) identificando una parte concreta de la neurona. El crecimiento de las neuronas podría dirigirse hacia la médula espinal o a las neuronas motoras, lo que permitiría a todo el mundo moverse libremente, o a la corteza visual para curar ciertos tipos de ceguera.

Las consideraciones éticas son enormes para tenerlas en cuenta. Este futuro podría lanzar a los humanos a la siguiente etapa de nuestro legado, pero solo porque podamos cambiar nuestro ADN, mejorar nuestra salud o potenciar nuestra mente, no significa que debamos hacerlo. Pensemos en un embrión, la pequeña bola blandita de células que va flotando ocupándose de sus propios asuntos antes de convertirse en una persona. Podríamos mejorar cualquier enfermedad inevitable antes de que se desarrolle, pero está claro que no tenemos el consentimiento de esta futura persona. La intervención temprana se centrará en la prevención de los problemas que cambian la vida, pero la búsqueda incesante de una mejor comprensión científica traerá consigo la capacidad de alterar muchos aspectos de una persona. Casi como un tipo de menú a la carta, en el que uno puede elegir cómo quiere que sea su bebé, cómo se desarrolla o cómo será su aspecto.

Si la ciencia puede alterar los genes para prevenir enfermedades, ¿podría también cambiar los genes para alterar la personalidad? Si pudieras elegir, ¿decidirías nacer como un mejor atleta, o con mejor memoria, o serías una persona con más determinación?

Si estas opciones llegan a estar disponibles, ¿en qué momento consideramos el consentimiento? Nunca va a ser posible pedir permiso a un bebé que aún no ha nacido. ¿Qué pasaría si no hubieran querido cambiar, aunque sea por un beneficio general?

Con los avances tecnológicos que permiten conocer mejor cómo responde el cerebro a diferentes situaciones, en el aprendizaje y la memoria por ejemplo, ¿cómo cambiaría esto la forma en la que aprendemos? ¿Serían diferentes las escuelas y las universidades? ¿Querrías que te monitorizaran la actividad cerebral para evaluar tus niveles de atención y compararlos con los de tus compañeros de clase? Si esto se convierte en un método rutinario de enseñanza avanzada, ¿hasta qué punto estaría segura tu mente? ¿Estarían seguros tus datos cerebrales personales, o podría alguien alterar intencionadamente tu actividad?

El futuro de la neurociencia traerá consigo la promesa de una vida mejor, la mejora de la salud y una sensación de control sobre nuestra propia mente. Nunca debemos temer lo desconocido, pero debemos respetarlo, ya que trae consigo preguntas que rozarán los niveles más profundos de nuestra conciencia.

Tendrás que responder a algunas de esas preguntas por ti mismo antes de que podamos adentrarnos en este futuro.

CAPÍTULO 4

EN EL INTERIOR DE LA MADRIGUERA DE LA CIENCIA

INTRODUCCIÓN

Ahora que tienes todo este conocimiento de experto sobre el cerebro, ¿qué vas a hacer con él? Si has leído una idea concreta que ha despertado tu interés o fomentado tu curiosidad, vamos a ver algunas formas en la que puedes desarrollarla. Este capítulo explorará cómo la ciencia se infiltra en todas las partes de nuestra vida y lo fácil que puede ser involucrarse más con la ciencia. Vamos a explicar cómo puedes convertir tu curiosidad natural en algo más tangible, independientemente del nivel de detalle al que quieras llegar.

Se describe cómo el hecho de tener una formación científica puede abrirte un mundo con nuevos horizontes, que puede sorprender incluso al científico más experimentado. Puede ser que hayas disfrutado de este libro y quieras ver qué más hay por ahí para explorar. O tal vez estás en camino de convertirte en un/a científico/a y comenzar una educación académica. Este capítulo tendrá algo para todos, ya que hablaremos de cómo tus talentos y habilidades únicas pueden ser volcados en muchos aspectos diferentes de la ciencia. Tanto si este es el primer libro de ciencia que lees como si es el número 257 que está apilado en tu pila de libros, quiero compartir contigo algunas de las formas más desconocidas con las que puedes utilizar y desarrollar tu olfato para la ciencia de alguna forma creativa e inusual.

Puede que se aleje un poco del tema central de la neurociencia en el que me he enfocado durante el resto del libro, pero ahora que tienes un buen conocimiento de lo que puede hacer el cerebro y de cómo lo estudian los científicos, quiero hablar de qué más pueden hacer los científicos. Hay otro lado completamente diferente de la fiera que es la ciencia. Claro que hay ratones de laboratorio con batas que hacen experimentos para crear el próximo monstruo sacado de una novela de Frankenstein, pero ¿qué pasa cuando se crea el monstruo? ¿Cómo se integra ese monstruo en la vida cotidiana o, dicho de otro modo, qué profesiones científicas existen para ayudar a que los engranajes sigan girando en la sociedad? Desde los ensayos clínicos hasta el registro de patentes de nuevos productos revolucionarios, pasando por su venta a las personas que los necesitan, o incluso la aparición en la televisión para hablar de ellos. ¿Te parece interesante? Pues fenomenal, porque estamos a punto de explorar lo que todo eso significa, y cómo tus conocimientos de ciencia pueden añadir un nivel extra de glamour a tu vida.

No soy un/a científico/a, pero quiero aprender más

En esta sección, hablaremos un poco de cómo puedes partiendo de tus nuevos conocimientos sobre el cerebro seguir adelante en tu cruzada. Cómo puedes ampliar lo que has aprendido para seguir bajando por la madriguera de conejo hacia cosas cada vez más fascinantes. Es un símil que representa muy bien los entresijos de la ciencia y los intrincados caminos. No necesitas una formación científica para seguir aprendiendo – hay un montón de maneras de hacerlo, el truco está en encontrar lo que más te interesa. No será lo mismo para todo el mundo – y quizás sea algo muy particular para ti. ¿Quizás sean las enfermedades cerebrales raras, o la historia de la neurociencia, o tal vez el futuro? Incluso si solo tienes 10 minutos el fin de semana, puede ser suficiente para encontrar rápidamente una historia que te intrigue y hasta llegue a dejarte boquiabierto.

No te preocupes, que no tienes que decidir de repente que quieres ser el/la mejor científico/a del mundo, dejarlo todo y montar un laboratorio en tu sótano anunciando «Se buscan cerebros frescos». Pero puedes aprovechar todo un mundo de recursos gratuitos a tu disposición para ayudarte a averiguar más sobre un tema que te resulte especialmente interesante.

Para empezar, hay muchos libros de divulgación científica fascinantes – como éste – listos para que los descubras. El personal de cualquier buena librería estará encantado de ayudarte a encontrar libros sobre tu nueva pasión, y por su puesto muchísima información al alcance de la mano en las bibliotecas. Recursos gratuitos y personal siempre dispuesto a ayudarte a encontrar los libros sobre las últimas tendencias. ¿No es genial? Mi sitio web tiene una página dedicada a dar recomendaciones sobre algunos de los libros emergentes y más punteros en el campo y algunos de los libros más respetados en áreas como la neurociencia, la autoayuda y la positividad, y sobre las mujeres en CTIM (ciencia, tecnología, ingeniería y matemáticas). Por supuesto, cualquier librería podrá ayudarte, pero los libros más vendidos en Amazon suelen estar a la altura y te ayudarán a seleccionar un libro popular con reseñas de gente que está iniciándose en el campo, como tú.

Si no quieres tener que comprar más libros, puedes probar a escuchar podcasts en tu tiempo libre. Cada vez son más populares por su variedad de temas y ser tan fácilmente accesibles. A mí me resultan útiles porque puedo escucharlos mientras voy de un lado a otro, cuando me desplazo al trabajo, voy de compras o hago ejercicio. Lo mejor es que con millones de podcasts para elegir, seguro que puedes encontrar uno que se adapte a tus intereses y a tu formación científica. Puedes encontrar literalmente lo que quieras, lo que es genial si te gusta un área concreta de la ciencia que a lo mejor todavía no tiene un libro entero dedicado a ella. Créeme, hay podcasts muy extraños y frikis, así que pruébalos – no te decepcionarán. En general, van desde conversaciones básicas sobre cosas interesantes que puede hacer el cerebro hasta entrevistas serias y profesionales con científicos destacados.

Además de los libros y podcasts, y puede sonar como una sugerencia poco común, pero los vídeos de YouTube a veces son una mina de oro para el conocimiento. Claro que algunos vídeos tienen el rigor científico de un hechizo vudú mezclado con brujería mientras se consumen a la vez drogas psicodélicas, pero muchos creadores de contenido producen vídeos excepcionales con explicaciones simplificadas que son aptas para todos los públicos, independientemente del nivel de conocimientos. Algunos te muestran lo que ocurre en el interior del cuerpo humano con modernas simulaciones, vídeos de cómo funciona el cerebro, cómo actúan las drogas o cómo los virus despliegan toda una artillería pesada para ganar el control de nuestro cuerpo. Los vídeos de simulación ofrecen un punto de vista totalmente diferente al que nos ofrecen los libros o incluso la realidad. Prueba por ejemplo a buscar «la vida interior de la célula» (the inner life of the cell en inglés) y prepárate para sorprenderte.

También hay páginas web educativas diseñadas con el único propósito de explicar de forma sencilla las últimas novedades en investigación y que puedes encontrar a millones por la red. ¡Son geniales! Seleccionan algunos de los estudios más ambiciosos que se hayan publicado recientemente y explican al lector los resultados del estudio paso a paso. Te dan un baño ligero de ciencia sin adentrarse en detalles y quedarás estupendamente compartiendo estas curiosidades con amigos y familiares. Son un buen recurso si tienes algo de tiempo libre y no te apetece sumergirte en las complejidades de un artículo científico. Prueba con 'cienciacognitiva.org' o la página en castellano de 'scientificamerican.com' para empezar.

Los cursos gratuitos en línea son, en mi opinión, una de las mejores herramientas para seguir lo último en cualquier materia científica. Hay literalmente miles de cursos entre los que elegir, lo que significa que siempre puedes encontrar un tema adecuado a tu nivel de conocimiento. La educación regulada, como los cursos que se imparten en la universidad, ofrece programas estructurados y no tan flexibles que inevitablemente tienen algunas partes que disfrutarías más que otras y puede que no encuentres útiles o relevantes para tu desarrollo profesional.

Ahí es donde los cursos en línea son particularmente fuertes. Pueden ser, por supuesto, simples introducciones que pretenden dar una idea general de un tema pero que te ayuda a decidir si lo encuentras suficientemente interesante y novedoso. Aunque también pueden ser muy específicos, permitiéndote encontrar absolutamente cualquier cosa. Es la elección ideal cuando has oído hablar de algo y quieres saber solo un poco más sobre el asunto, o involucrarte en un tema sobre el cual uno de tus hijos está aprendiendo, y animaros mútuamente mientras compartís experiencias.

Los cursos en línea también son una buena opción si no tienes un horario estándar de 9:00 a 17:00 o estás limitado por compromisos laborales o familiares. Algunos son incluso gratuitos y pueden durar desde varias semanas hasta varios meses y están totalmente acreditados y reconocidos por las empresas. Según una encuesta realizada en el sitio web Coursera, un gran proveedor de aprendizaje en línea, el 87% de las personas que cursan estudios en línea para mejorar su desarrollo profesional acaban viendo un beneficio como un aumento de salario o una promoción en el puesto de trabajo.

Aunque hay miles de cursos gratuitos con mucha variedad, los que te garantizan una titulación requieren matrículación no gratuita. Dependiendo del curso y duración, pueden rondar los 1.000 euros, pero son de todas formas mucho más baratos que los cursos universitarios o privados más tradicionales, por lo que siguen siendo una buena inversión. Son una alternativa más barata no por la menor calidad en general, sino porque muchas veces están subvencionados por patrocinadores privados, organizaciones benéficas y anuncios, para mantener los costes bajos.

Así que ¿dónde se pueden encontrar estos cursos? Khan Academia es uno de los principales proveedores que ofrece una amplia gama de cursos tanto para niños como para adultos, desde programación informática hasta ciencias clásicas, e incluso ofrece cursos sobre temas mundanos pero importantes que a menudo se pasan por alto, como la gestión de las finanzas personales.

Coursera es otra opción muy popular que ofrece más de 5.000 cursos. Colaboran con más de 200 universidades y empresas, como la Universidad de Stanford, la Escuela

Imperial de Londres y Google, y todos sus cursos son excepcionales por su alto nivel de contenido.

Si no te decides con la elección, Call Central es un sitio web que actúa de forma similar a un buscador, pero es específico para cursos online. Te dirige a cualquier área de interés que elijas e incluye cursos de Harvard y MIT, que son algunos de los mejores centros de enseñanza del mundo. Lo mejor es que además ofrecen reseñas de usuarios para orientar la elección. Algunos de los cursos más útiles que encontré para complementar una carrera científica fueron los cursos académicos y de redacción de ensayos académicos, aunque hay más de 30.000 en su sitio web entre los que elegir. Se puede encontrar algo para todos los gustos.

Si necesitas un punto de partida para encontrar alguna de estas plataformas, he elaborado listados y recomendaciones para todo lo que se menciona en el libro y a lo que puedes acceder en mi página web, de la que puedes encontrar los detalles al final del libro.

CONSEJOS PARA CIENTÍFICOS EN SUS INICIOS

En la siguiente sección, quiero compartir contigo algunos consejos y secretos sobre cómo puedes dar el siguiente paso hacia una ciencia más avanzada. Esto podría ser útil para estudiantes, para cualquier persona que quiera empezar una carrera científica o para cualquiera que quiera profundizar más sobre un tema que le apasione. Puede resultar desalentador pensar en todos los años de estudio que se necesitan para convertirse en un experto en cierto campo, pero ¡no tiene por qué ser así! Juntos vamos a ver algunas cosas que seguro que todos los científicos desearían haber sabido antes de empezar su carrera.

Lo más importante, y esto se puede aplicar a todos los que están leyendo esto, es encontrar qué es lo que más te entusiasma. Parece más fácil de lo que puede llegar a ser, porque la ciencia, incluso la neurociencia, tiene muchas disciplinas diferentes. Lo mejor que puedes hacer es leer sobre varias temáticas, ver documentales, ponerte en contacto con expertos, escuchar podcasts o buscar uno o dos trabajos de investigación, para hacerte una mejor idea de qué es lo que te llama especialmente y sobre lo que quieres leer y aprender más. A veces, solo si te expones a tantas posibilidades diferentes como puedas, darás con lo que te produce más satisfacción. A menudo, esto no sucede de inmediato, y puede llevar años encontrarlo, pero solo probando diferentes ideas lo descubrirás. Quizá sea la psicología (cómo funciona la mente), o la investigación de enfermedades (cáncer, neurodegeneración, enfermedades raras) o la biotecnología (podrías construir literalmente los dispositivos del futuro). Sea lo que sea lo que te guste hacer, incluso si es solo un hobby, es algo que deberías intentar perseguir.

A veces no es necesariamente un proceso lineal y puede que encuentres un área en la que te interese adentrarte pero posteriormente, cambies de opinión al respecto. Eso es perfectamente aceptable, solo tienes que empezar la búsqueda. Una cosa es segura – no tienes que decidir ahora todo tu futuro, ¡solo tienes que encontrar esa pasión! Luego, deja que esa pasión te lleve adentrándote por la madriguera del conejo.

Si estás estudiando ciencias, en cualquier nivel y a cualquier edad que sea, es momento de empezar a hacer preguntas. Habla con los profesores que imparten los cursos, envía correos electrónicos a otras personas en el sector y déjate aconsejar por gente que trabaja donde tú quieres estar algún día. Son personas que pueden darte una perspectiva más realista en cuanto a la trayectoria profesional y hacia dónde te pueden llevar tus habilidades. Conectar con otros en el campo también ayuda cuando estás intentando crear una red de contactos (vital dentro del mundo científico) de gente con diferentes antecedentes académicos que pueden aportarte valioso conocimiento y útiles conexiones.

Otro consejo es que siempre merece la pena echar un vistazo a las investigaciones que se están llevando a cabo y en auge. ¿Cuáles son las nuevas y emocionantes tendencias que están surgiendo? ¿Ha curado alguien el cáncer? ¿Tendremos por fin hoverboards controlados solo con la mente? Créeme, ¡yo busco cosas como estas al menos dos veces por semana!

Una forma estupenda de conocer los últimos descubrimientos científicos en un área que te interese es establecer alertas de Google para tendencias y noticias «frescas de última hora». Puedes seleccionar solo un tema, como pueden ser el insomnio o los sueños, o puedes ir a lo grande y recibir alertas de «neurociencia» o «investigación sobre el cerebro». Publicaciones en revistas, también pueden configurarse como alertas para centrarse en artículos del campo de estudio que le interesa. En realidad, configurar alertas sirve para cualquier cosa por la que sientas curiosidad – ¡no tiene por qué ser sobre ciencia!

Por último, si quieres convertirte en científico como profesión, o si quieres trabajar en un área en concreto que te apasione, tener experiencia en esa área será esencial. Esto puede parecer obvio e imposible al mismo tiempo, ya que adquirir esas primeras experiencias laborales es un obstáculo en sí mismo. No solo te hará más valioso como científico, sino que te dará la oportunidad de probar cosas diferentes, de ver lo que te gusta y lo que definitivamente no es lo tuyo.

Las prácticas de verano, los seminarios o cursillos de laboratorio son formas fantásticas de acumular experiencia. Están pensados para científicos en sus comienzos que no tienen mucha práctica y buscan formas de ganar experiencia. Estos cursos o prácticas pueden ser solicitados por estudiantes de instituto o de universidad y las experiencias son fantásticas. Yo mismo he realizado algunos y me han dado la oportunidad de visitar laboratorios por toda Europa.

La Real Sociedad de Biología (Royal Society of Biology) es una organización benéfica con sede en el Reino Unido que se dedica a la educación, la investigación y el desarrollo profesional en biología. Sus programas de prácticas de verano ofrecen a los científicos la oportunidad de trabajar en todo tipo de laboratorios, tanto en la industria farmacéutica como en los principales grupos de investigación, y constituyen una excelente vía para adquirir experiencia y confianza en la ciencia.

Biograd, un instituto con sede en Liverpool (Reino Unido), tiene cursos para todos los niveles de estudiantes e intentan organizar grupos reducidos con un mayor número de instructores para ofrecerte una experiencia más personal y efectiva. Una búsqueda rápida en Google te listará todas estas organizaciones y muchas más, y si no vives en el Reino Unido, no temas, ya que otros países tienen sus propias versiones. Si estás en EE.UU., Zippia.com es una gran herramienta para ayudarte a buscar prácticas; se trata de un sitio web con un motor de búsqueda que te permite buscar oportunidades en función de la categoría y la ubicación, para que puedas limitar las opciones a lo que te conviene.

Un enfoque más informal para ganar experiencia sería asistir a eventos de networking como Pint of Science, un festival científico que reúne a investigadores de todo el mundo para compartir sus descubrimientos y una oportunidad increíble para poder hablar con la gente en un entorno menos formal. Cualquiera puede asistir – no hace falta ser un experto para participar. Este tipo de eventos son importantes porque para adquirir experiencia en el campo de la ciencia, se trata -y no puedo insistir lo suficiente en esto- sobre todo de establecer contactos y dar a conocer tu nombre. En última instancia, mejorará tus habilidades para entablar conversación con otros científicos y, como mínimo, te dará práctica con mantener una conversación trivial, que resulta útil más a menudo de lo que crees.

Una cosa que he visto de primera mano a lo largo de mi carrera es la enorme cantidad de oportunidades en los laboratorios de investigación para personas de todos los niveles de experiencia. Van desde puestos a tiempo completo hasta prácticas o programas de experiencia laboral de una semana. El contacto inicial es la parte más difícil y probablemente sea más abrumador de lo necesario. Enviar un correo electrónico a los profesores de las universidades siempre ha dado buenos resultados a los más extravertidos.

Una pequeña historia sobre cómo empezó todo para mí. Encontré mi camino hacia la investigación científica contactando y hablando con un profesor de la universidad en la que estudiaba un máster. Nos reunimos una semana después y le expliqué que quería convertir mis conocimientos - de los libros de texto- en investigación real. Quería trabajar en un laboratorio de investigación. El único problema era que, en aquel momento, no tenía ni idea de cómo funcionaba realmente. Ya había trabajado en un laboratorio de un hospital, donde llegaban miles de muestras de pacientes y uno ayuda a analizarlas. Pero la investigación, ¿Qué era? ¿dónde podías desarrollarla? y ¿quiénes eran esos misteriosos investigadores que trabajaban en la sombra?

Ahora lo recuerdo como una lección de humildad – no fue hasta un año después cuando me di cuenta de que habíamos tenido la conversación dentro de un laboratorio de investigación, ya que el profesor estaba haciendo realmente investigación (cortando trozos congelados de médula espinal). No tenía ni idea, podría haberme dado una bofetada con una bata de laboratorio y ¡no me habría dado cuenta!

Pero mereció la pena, porque cuando le expliqué cómo quería contribuir a la ciencia en el futuro, me escuchó y me dio los datos de contacto de alguien que creía que podía ayudarme de verdad – otro profesor de la universidad que había tenido una trayectoria profesional similar a la que yo aspiraba.

Me puse en contacto con él y, para resumir la historia, acabé realizando un proyecto de investigación con ese segundo profesor, y con el tiempo acabé haciendo un doctorado en su laboratorio y sellé mi destino como un empollón de científica. ¡Mi sueño! El objetivo de esta historia que acabo de contar es que no se pierde nada por ponerse en contacto con personas que te puedan orientar y darte consejos. Incluso si no te pueden ayudar ellos mismos, puede que conozcan a alguien que sí lo haga. Por eso el networking es tan importante en la ciencia. Al fin y al cabo, los científicos no tienen la oportunidad de hablar de su trabajo con tanta gente como podría pensarse (normalmente solo con otros científicos), así que al hacer preguntas y mostrar interés ya les has alegrado el día a la vez que creciendo tu red de contactos profesional.

¿QUÉ MÁS PUEDE HACER UN CIENTÍFICO?

El camino clásico de un científico es seguir la ruta académica (universidad) y de la investigación. Esto suele significar estudiar hasta el nivel de doctorado y realizar investigaciones en un laboratorio universitario durante varios años antes de convertirse en profesor titular y, finalmente, en catedrático. Sin embargo, el número de contratos como profesores universitarios ha ido disminuyendo constantemente durante muchos años, con menor seguridad laboral incluso para los que consiguen un puesto como profesor. Los científicos que inician su carrera empiezan a darse cuenta de esta realidad y a buscar otros tipos de trabajo como científicos. El mundo académico puede ser una buena forma de desarrollar una carrera científica, pero con tantos obstáculos, no es algo para todo el mundo.

Alrededor de la mitad de los científicos que trabajan en el mundo académico solo permanecen cinco años, que es lo que suele durar un puesto en un laboratorio antes de pasar a la enseñanza universitaria. Dado que muchos científicos se aventuran a salir del hábitat natural del laboratorio, me pareció que merecía la pena escribir sobre algunas de las posibilidades que existen, incluidas muchas que no esperaríamos.

Probablemente los recién graduados en ciencias tengan que ampliar su búsqueda y estar abiertos a considerar todo tipo de puestos, tipos de formación y clases de experiencias para decidir qué es lo que finalmente les conviene. En esta etapa, sobre todo si eres un estudiante, es normal sentir que no se tienen las ideas claras sobre la forma precisa en que se desea contribuir a un campo científico, aunque es un buen momento para empezar por dirigirte hacia proyectos que disfrutas, con la posibilidad de especializarte más adelante.

La Oficina de Estadísticas Laborales de EE.UU. ha calculado que los puestos de trabajo en CTIM aumentarán un 13% en los próximos 10 años. El mayor crecimiento se prevé en las especialidades basadas en tecnologías de la información, como las funciones de desarrollo de software, con un crecimiento previsto de casi el 30%. Entonces, ¿cuáles son las opciones si decides seguir un camino menos tradicional lejos de la bata de laboratorio y la mesa de ensayos?

He dedicado un tiempo a buscar algunas de las funciones más singulares y apasionantes que alguien con una formación científica puede desempeñar. Tanto si optas por un programa de formación de posgrado nada más salir de la universidad como si eres un investigador posdoctoral con un doctorado que ha decidido que está harto del trabajo de laboratorio y quieres probar algo diferente, el elemento más importante que conecta todos los puestos es la capacidad de transferencia incluso en las trayectorias profesionales más inusuales. En otras palabras, ¿eres alguien a quien se le da bien absorber conocimientos con rapidez o hablar ante grandes multitudes en un momento dado? o quizás ¿te gusta trabajar en grandes equipos interdisciplinarios y colaborar juntos en un esfuerzo por producir algo más grande de lo que se podría lograr solo?

Todo el mundo tiene cualidades y habilidades valiosas que son únicas, tanto los científicos como los que no son científicos. Se trata de encontrar lo que te hace grande y combinarlo con un poco de creatividad para encontrar algo que te haga feliz. Los cursos en línea mencionados anteriormente son una forma estupenda de aumentar tus recursos adquiriendo conocimientos adicionales con vistas a reforzar tu conjunto de competencias interdisciplinarias. Entonces, ¿dónde están los científicos cuando no están en el laboratorio?

COMUNICACIÓN

Con tanta ciencia por abarcar, alguien tiene que dedicarse a explicarlo todo. Un divulgador científico es alguien que hace precisamente eso, puedes adoptar muchas formas y estilos en función de lo que se te dé bien y de cómo te gusta trabajar. Pongámoslo así: ¿estás aburrido de trabajar en un grupo pequeño y de explicar tus apasionantes y trascendentales investigaciones solo a tu jefe? ¿Sabes que los científicos no tienen por qué ser enciclopedias humanas socialmente torpes? Pueden servir de puente entre los científicos y los no científicos para explicar algunas de las complejas teorías científicas.

La forma más tradicional de hacer esto sería a través de la enseñanza, ya sea en una universidad, en un instituto o en algún tipo de centro de formación. Se prevé que las carreras de educación relacionadas con CTIM crezcan un 15%, lo que creará un sector fuerte que necesita de más educadores. El gobierno estadounidense ha invertido recientemente, y de manera desorbitante, 540 millones de dólares en educación relacionada con CTIM, incluyendo la formación y contratación de profesores.[1] Aunque enseñar en las universidades requeriría experiencia a nivel de doctorado, enseñar en las escuelas y en los centros de formación solo exigen un grado, una licenciatura o un máster. También está la opción de ser un tutor especializado en tu área de conocimiento preferida, ayudando a los estudiantes a iniciar su propio camino en la ciencia.

Sin embargo, la comunicación científica puede significar mucho más que la enseñanza. Quizás convertirte en un escritor de divulgación científica podría abrir una nueva forma de comunicar ideas desde la comodidad de tu propio ordenador. Los trabajos de escritor varían enormemente y suelen incluir desde escritores y periodistas a tiempo completo hasta escritores autónomos para sitios web y revistas. Las posibilidades son muy variadas, pero algunos de los puestos de escritor a tiempo completo más destacados pueden ser muy competitivos. El crecimiento de este sector, y por tanto los nuevos puestos disponibles, es lento, y se prevé que disminuya un 2% en los próximos 10 años. La buena noticia es que en muchos casos no se requiere formación o estudios adicionales, pero cuanta más experiencia en escritura académica se tenga, mejor.

La escritura científica tampoco tiene por qué seguir la ruta tradicional. Piensa en las empresas de biotecnología que necesitan explicar sus líneas de investigación al público en general y a futuros inversores, o en los servicios sanitarios que necesitan comunicarse con el público sobre sus iniciativas de salud pública y divulgación. Si te interesan los productos farmacéuticos, hay muchas agencias de publicidad en salud (AEAPS) que buscan escritores con un profundo conocimiento de las distintas enfermedades y métodos de tratamiento. Numerosas organizaciones benéficas y de divulgación del ámbito científico y médico siempre necesitarán una forma de dirigirse a su público, lo que significa que hay oportunidades para desarrollarse como divulgador científico.

El Cuaderno Abierto (The Open Notebook) es una organización de periodismo científico sin ánimo de lucro que comparte herramientas y recursos para ayudar a las personas a convertirse en escritores más competentes sobre temas en CTIM, y es un buen lugar para ganar confianza y mejorar tus competencias antes de lanzarte a un cambio de carrera.

Tal vez no sea lo primero que nos venga a la mente al hablar de comunicación científica, pero trabajos en museos de ciencias, que puede ir desde organizar exhibiciones y exposiciones hasta la supervisión de colecciones, también está incluido en mi lista. Una vez más, el rango de oportunidades disponibles son varias, pero incluyen desde archivistas hasta técnicos de museos, y pueden ser ideales para cualquiera que disfrute utilizando conocimientos en investigación y habilidades en comunicación para expresar gran variedad de ideas a gran escala, a grandes multitudes, o desarrollando métodos creativos para almacenar y preservar datos valiosos.

Por lo general, una persona necesitará de estudios universitarios, un grado o un máster, y es recomendable adquirir toda la experiencia que puedas a través de programas de formación o voluntariado. Puede merecer la pena explorar este campo. La Oficina de Estadísticas Laborales de EE.UU. predice que este sector, que requiere un número cada vez mayor de especialistas, crecerá en un 11%, mucho más rápido que la media, por lo que si es algo que crees que te podría gustar, ahora es el momento de explorarlo.

NEGOCIOS

¿Y qué hay de los que quieren colgar la bata de laboratorio para dar paso a un traje elegante y un pelo engominado hacia atrás? Nos guste o no, la ciencia es un gran negocio. A pesar de las más puras intenciones de ayudar a progresar a la humanidad y curar enfermedades, la realidad es que mueve mucho dinero, y la toma de decisiones que puede llevar a mover millones en la industria produce un subidón. Si necesitas convencerte de que la ciencia y los negocios funcionan bien juntos, toma el ejemplo de Gordon Moore, fundador de Intel, y cuyo valor se estima en 12.000 millones de dólares. Estudió un doctorado en química y acabó teniendo un gran éxito en los negocios y la ingeniería.

Un tipo de carrera diferente, alejada de la mesa de laboratorio, podría consistir en utilizar tu comprensión sobre los avances científicos para analizar las tendencias de mercado, sobre todo en empresas farmacéuticas y de biotecnología o en empresas de consultoría. Los puestos de analista empresarial suelen implicar el contacto con muchos equipos diferentes y la colaboración estrecha para hacer el mejor uso de los datos del mercado. Los científicos son valorados en esta industria porque pueden evaluar rápidamente los nuevos datos e interpretar su significado. Es probable que ya tengas experiencia en el análisis crítico de conjuntos de datos, ya sea por investigaciones que hayas leído o por experiencia con tus propios datos y resultados. Es una habilidad que a menudo se pasa por alto y a veces se infravalora, pero se puede hacer un buen uso de ella fuera del laboratorio.

Una vez conocí a una persona que utilizaba sus conocimientos científicos para evaluar posibles nuevos medicamentos que salían al mercado. Su empresa invertía millones basándose en sus comentarios y evaluaciones. Era un trabajo estresante, pero le gustaba tener que mantenerse cerca de la ciencia para poder tomar decisiones importantes para su empresa. Una formación adicional en economía y negocios te proporcionaría un beneficio añadido en este tipo de puestos, pero para muchos puestos puede no ser necesaria.

Otra faceta de los negocios es la de las ventas y la oportunidad de ser visitador médico o especializado en instrumental científico. Alguien tiene que informar a la gente sobre equipos nuevos y medicamentos avanzados, ¿no? Las ventas son más adecuadas para personas sociables a las que les gusta viajar y conocer caras nuevas (quizá no sea lo ideal para quienes sufren de ceguera facial). Lo interesante de este tipo de puestos es que los comerciales en este campo no utilizan la típica táctica de venta puerta a puerta. Por lo general, viajan a grandes conferencias, laboratorios universitarios y empresas de biotecnología, para dar a conocer nuevos productos, equipos, productos farmacéuticos y dispositivos médicos.

Como en cualquier carrera, si eliges una empresa en la que crees y compartes sus valores (lo admito, esto puede ser un área delicada en las ventas farmacéuticas), puedes ayudar honestamente a otras instituciones en sus esfuerzos científicos. Normalmente se requiere experiencia en ventas para este tipo de funciones, pero hay oportunidades increíbles si consigues encontrar la adecuada. Puede merecer la pena, ya que la flexibilidad de los horarios, la autonomía y la planificación, para un buen equilibrio entre la vida laboral y la personal, son cualidades que se han valorado muy positivamente en este tipo de funciones.[2]

ADMINISTRACIÓN

La ciencia no es todo batas de laboratorio y aspecto desarreglado – alguien en la cúspide tiene que decidir qué proyecto de investigación recibe la financiación para empujar el próximo gran avance científico.

La mayor parte de la investigación se financia a través de subvenciones de organizaciones benéficas, organismos de investigación, agencias gubernamentales o inversores independientes, y hay equipos de personas que les ayudan a decidir en qué invertir el dinero. Y puede ser muchísimo dinero. Por ejemplo, el Reino Unido aumentará su gasto en investigación y desarrollo en CTIM en un 15% en los próximos cinco años, y en 2019, la financiación total del gobierno de Estados Unidos superó la asombrosa cifra de 151.000 millones de dólares - un aumento del 6% respecto al año anterior.[3]

Lidiar con la capacidad de decisión sobre enormes sumas de dinero atraerá a aquellos que manejan especialmente bien la toma de decisiones bajo estrés, pero puede no ser tan fácil encontrar un puesto de alto nivel en las agencias de financiación. Suelen tener ya una amplia experiencia en ciencia y la utilizan para evaluar la calidad y el futuro impacto de un trabajo o investigación. Como se dedican a hacer recomendaciones sobre quién recibe financiación, los científicos que ocupan este tipo de puestos pueden tener un impacto significativo a la hora de ayudar a desarrollar la ciencia y guiar la futura dirección de la investigación. No obstante, hay oportunidades para los graduados y licenciados que quieran seguir este camino.

Si la financiación destina dinero a la investigación básica, entonces podrás ver dónde va a parar a través de los ensayos clínicos. El coste típico para sacar al mercado un nuevo fármaco que pase con éxito por los estudios clínicos para llegar a un paciente es de aproximadamente 1.000 millones de dólares.[4] Por lo tanto, es imperativo que los ensayos clínicos se realicen de forma que proporcionen pruebas sólidas de que un tratamiento funciona y es seguro. Esto requiere equipos de personas que coordinen y registren las montañas y montañas de datos y papeleo necesarios para la fase de aprobación reglamentaria con las autoridades reguladoras, y podría ser una opción ideal para personas que tengan interés en trabajar con datos de este tipo. Trabajar en ensayos clínicos expone a los científicos a un aspecto diferente de la investigación y muestra el resultado final de donde pueden llevar todas esas horas solitarias pasadas en el laboratorio, es decir, ayudar a alguien a obtener el tratamiento médico que necesita.

¿Por qué no dar un paso más allá por encima de estas opciones para desempeñar un papel en la política científica y el poder legislativo? Ayudar a crear las normas que rigen y regulan la ciencia o decidir sobre iniciativas estratégicas para mejorar la calidad de la investigación marca una verdadera diferencia a escala nacional. Estos puestos proporcionan una visión general del panorama y te permiten ver cómo todos los engranajes funcionan juntos para crear una sociedad que haga avanzar la ciencia y el campo de la medicina.

Muchos puestos políticos ofrecen programas para estudiantes de posgrado con el fin de atraer a los científicos más brillantes y con más talento que están iniciando sus carreras. El desarrollo que marcan los organismos gubernamentales y agencias de la salud establece las reglas que deben seguir países enteros. Para estos puestos se necesita una persona capaz de comunicar ideas a audiencias no científicas en un entorno de ritmo rápido, y podría esperarse que pudiera hacer un repaso e informar sobre los temas más punteros e innovadores en un abrir y cerrar de ojos. Este tipo de puestos podría ser ideal para las personas que trabajan bien bajo presión y disfrutan de un entorno de trabajo menos rutinario; en cambio, se les brinda la oportunidad de demostrar al máximo sus habilidades.

COMODINES

Esperemos que los diversos trabajos y opciones mencionadas a lo largo de este capítulo te den una idea de cómo puedes participar en la ciencia independientemente de cómo empezaste, ayudándote a ver cómo funciona realmente la investigación científica fuera del laboratorio. La siguiente sección, titulada apropiadamente como mis comodines, está escrita para dar una idea del gran alcance de la ciencia. Para aquellos que no quieran dedicarse a la ciencia a tiempo completo, espero que les demuestre cómo estar abierto a las oportunidades y pensar de forma un poco creativa puede llevarles por un camino que les ofrezca la oportunidad de apasionarse por lo que hacen.

La ciencia y el derecho trabajan muy bien juntos. Todos los días se registran patentes de medicamentos, diseños experimentales, dispositivos y casi todo lo que puedas imaginar para garantizar que quien haya creado un producto potencialmente innovador tenga alguna forma de protección y derechos sobre él. La oficina de patentes garantiza que la propiedad intelectual esté protegida por la ley. Para puestos intermedios y que no sean de nivel directivo, un título en Derecho no es imprescindible, pero si además de la ciencia te interesa el Derecho, una titulación adicional como Derecho podría lanzar tu carrera profesional.

Puestos de trabajo en el sector jurídico se ven favorecidos por el hecho de que la industria busca con frecuencia licenciados en ciencias para ayudar a los bufetes de abogados a ganar una cuota de mercado en nuevas áreas dentro de la ciencia. Se buscan continuamente personas a las que les guste resolver problemas, sean organizadas con su tiempo y sepan comunicar ideas de manera bien articulada.

Trabajos en el sector jurídico no suponen solo el archivar y mover papeles. Este sector cuenta con científicos que asesoran a los abogados sobre particulares de negociaciones científicas y la concesión de licencias, asegurándose de que todas las partes comprendan el valor de la investigación y los requisitos legales. Una característica común a muchas carreras científicas no tradicionales es una buena habilidad como comunicador. Trabajar en el ámbito del derecho científico no es una excepción: un científico esencialmente sirve de nexo entre científicos y no científicos sobre todo en discusiones relativas a ideas totalmente nuevas y pioneras en la disciplina de la ciencia en que se especializan.

Otro tipo de puesto de trabajo que podría entrar en la lista de comodines son los relacionados con la ingeniería biomédica. Se trata de un área que está experimentando un gran crecimiento, e impulsa la ciencia hacia nuevas fronteras en la medicina de la IA, la nanoconstrucción, las intervenciones quirúrgicas o la tecnología de consumo. Aunque muchas personas que se dedican a estas carreras son licenciadas en ingeniería o física, cualquier formación científica que contribuya a la comprensión de las nuevas tecnologías es muy deseada. Algunos de los grandes nombres de la industria son empresas como Siemens Healthcare, Johnson & Johnson y GE Healthcare, pero los avances tecnológicos y el insaciable impulso de los productos de consumo hacen que el número de empresas que necesitan científicos como tú sea cada vez mayor.

¿Comenzaste tu andadura científica pensando que algún día podrías ser una estrella de la televisión o del cine? Vale, puede que esto sea un poco surreal para la mayoría, pero quería explorar una posibilidad que podría estar abierta a aquellos que disfrutan de la ciencia pero que quieren dedicarse a ella de una manera completamente diferente a la del investigador clásico. Un ejemplo destacado sería Ken Jeong, conocido por su papel cómico en la trilogía de Resacón en Las Vegas, entre otras muchas cosas. Formado como médico, no fue hasta más tarde cuando encontró su pasión por la actuación (aunque también actúa como médico en programas de televisión).

Hay también oportunidades para que los científicos se incorporen al mundo entre bastidores, por ejemplo, como redactores o consultores técnicos. Se trata de una faceta del sector que se prevé que crezca un 8% en los próximos 10 años, lo que supone una posible nueva inversión que dará lugar a más oportunidades en este campo. Escribir contenido o asesorar para programas educativos, obras de teatro o documentales podría proporcionar un entorno que te sacaría de tu zona de confort para investigar áreas que no son tan familiares. Podría ser adecuado para quienes disfrutan de la comunicación científica y el mundo audiovisual, aunque para un cambio de carrera en los medios de comunicación en una fase temprana, puede valer la pena bajar las expectativas iniciales de trabajar para programas de televisión exitosos; no obstante, es una idea divertida.

Es cierto que muchas de las trayectorias profesionales mencionadas en este capítulo requieren experiencia o estudios adicionales más allá de tu trayectoria inicial, pero no es el mismo caso para todas. El pensamiento crítico, una fuerte ética de trabajo y la confianza en tus propias capacidades también contarán mucho. En última instancia, es fascinante ver en cuán variados aspectos de la vida la ciencia puede desempeñar un papel. Las habilidades y los rasgos de carácter que te ayudan a sobresalir y ser excelente en lo que haces son importantes en todos estos ámbitos laborales. Son competencias transversales que se transfieren a cualquier nuevo puesto y siempre vale la pena recordar lo valioso que eres, sea lo que sea que decidas hacer.

Que sepas también que siempre te quedará el escribir un libro sobre el cerebro y la neurociencia.

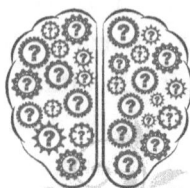

CAPÍTULO 5

LAS MUJERES EN CAMPOS DE CTIM

INTRODUCCIÓN

Este capítulo final es algo que merece su lugar en este libro sobre neurociencia. Está inspirado en las mujeres que siguen sobresaliendo en lo que hacen, a pesar de los obstáculos que se les ponen por delante. Está escrito por Jodi Barnard, quien ha trabajado muy duro para alcanzar sus sueños en el ámbito de la ciencia y quién continuará impresionando en el futuro.

He querido incluir este capítulo porque a lo largo de los años a través de conversaciones con amigas y colegas me han sorprendido muchas veces con sus relatos sobre algunas de las luchas a las que se enfrenta una mujer que trabaja en ciencias. Desde sueldos más bajos y comentarios cuestionables, hasta la lucha por encontrar modelos femeninos en puestos de responsabilidad o altos cargos, hay muchos problemas que quiero algún día comprender en toda su extensión con la esperanza de poder contribuir a mejorar las cosas.

Hemos progresado mucho, pero las mujeres siguen enfrentándose a estereotipos y luchas en todos los aspectos de la vida, y la ciencia no es una excepción. Espero que esta sección sirva para suscitar un debate, dar a comprender o plantear una nueva idea sobre la que quizás no hayas leído antes.

Al fin y al cabo, la ciencia consiste en hacerse preguntas. Así es como aprendemos, mejoramos y seguimos ampliando los límites de lo que todos podemos hacer, juntos.

UNA NEUROCIENTÍFICA EN LONDRES, Y SÍ SOY MUJER

Por Jodi Barnard

¡Soy Jodi! Soy estudiante de doctorado en neurociencia en Londres, y uso células humanas en un portaobjetos para estudiar la forma en que nuestras neuronas interactúan con las células inmunitarias del cerebro para causar inflamación y muerte celular en enfermedades como el Alzheimer. También utilizo moscas de la fruta para investigar los genes humanos relacionados con la enfermedad de la neurona motora. Pero he tenido un largo camino antes de estar en este lugar. Vengo de un entorno de bajo nivel socioeconómico, y llevo trabajando desde los 13 años. Sé lo que es preocuparse por el dinero y esta es una de las cosas que me impulsó a hacer un buen trabajo en la escuela. Esta, y la terquedad que te inculcan años de acoso escolar. Cuando te dicen que no puedes, quieres demostrar que tú puedes hacerlo. A pesar de las barreras.

He sido la primera de mi familia en ir a la universidad, por lo que no tenía ni idea de lo que debía hacer y nadie para orientarme. Parecía que todo el mundo a mi alrededor tenía un plan y yo iba a tientas en la oscuridad y solo veía el siguiente paso cuando estaba a punto de tropezar con él. Me gustaba la ciencia, pero no sabía que se podía ser un científico como profesión. Pensaba que si te interesaba la biología lo más natural es que acabarías siendo un médico.

Como mujer, también me sentía menos animada a dedicarme a la ciencia, incluso mi profesor de ciencias me dijo que «debería dedicarme a la poesía». Pero todas estas cosas en el fondo me impulsaron. Además de ser de clase trabajadora, primera generación de estudiante universitaria y mujer, mi vida familiar y los turnos de noche que hacía en el hospital, hacían que estudiar desde casa fuera extremadamente difícil. Más tarde, durante el instituto estuve muy enferma y -después de una operación de urgencia- no cumplí con los requisitos de acceso a la facultad de medicina. Mi mundo se desmoronó. Sin una orientación profesional adecuada, acepté la primera opción que me ofrecieron – Neurociencia Médica en Sussex (Inglaterra). Y así, llegué al mundo de la neurociencia y me enamoré.

Pero este no es el final de una «historia de éxito», las cosas siguieron siendo difíciles. Trabajé durante toda la carrera universitaria solo para permitirme sobrevivir. Sufrí con mi salud mental y con más rechazos de parte de la facultad de medicina, no estaba segura de lo que debía hacer. Así que, cuando me ofrecieron una beca para realizar un máster, la acepté. Trabajando largas horas en un laboratorio, además de un trabajo a tiempo parcial, me llevo a experimentar mi primer episodio de agotamiento, quemada de hacer demasiadas horas.

Pero me encantaba estar en el laboratorio y por eso decidí solicitar un doctorado – después de todo tenía un expediente académico impecable. Pero me rechazaron en todos los programas y mi síndrome del impostor me agolpeó duro. No podía permitirme volver a solicitar una beca; mi contrato de alquiler llegó a su fin y la «burbuja universitaria» explotó. Necesitaba más ingresos.

Empecé a trabajar en una empresa de tecnología portátil donde a menudo era la única mujer en la sala y me sentía infravalorada y fuera de lugar. Mi ansiedad empeoró hasta el punto de saber que tenía que volver a lo que me hacía feliz. Conseguí un trabajo de asistente de investigación y me encantó volver a trabajar en el laboratorio. Esta vez estaba segura de que quería hacer un doctorado y puse toda mi energía en enviar el mayor número de solicitudes y en hacer entrevistas, hasta que recibí una oferta del King's College de Londres, una universidad de primera categoría.

Como ves, no hay un camino equivocado en CTIM. Todas estas experiencias me hacen ser muy consciente de los retos a los que se enfrentan las personas de grupos minoritarios y es la razón por la que comencé un podcast sobre igualdad en CTIM, The Academinist, y trabajo con organizaciones cuyo objetivo es mejorar el acceso a la educación superior de estas personas. Todas estas experiencias me han ayudado a desarrollar una capacidad de resistencia y recuperación. El ser capaz de levantarme e intentarlo de nuevo ha sido indispensable para llegar a donde estoy, y estoy segura de que seguirá sirviéndome mientras trabajo para obtener mi doctorado. Lo que más me gusta de lo que hago es la sensación de logro que obtengo al superar cada nuevo reto. Eso, y la capacidad de ser creativa y seguir aprendiendo, todo ello mientras intento mejorar a la humanidad. Por eso soy científica.

La pandemia de la Covid-19 ha puesto de manifiesto las desigualdades que afectan a las mujeres, como el fenómeno del segundo turno acuñado por Arlie Russell Hochschild, por el que las responsabilidades de cuidado (que a menudo recaen en las mujeres) y el trabajo no remunerado en el hogar se acumulan encima de la jornada laboral habitual. Alessandra Minello escribió sobre la barrera de la maternidad que bloquea el avance de las mujeres en la facultad en una publicación científica en torno al inicio del primer confinamiento en el Reino Unido en 2020.[1] Desde entonces, los análisis de varias revistas médicas han revelado el llamado efecto Covid-19, que resulta en que la proporción de autoras femeninas es inferior a la media.[2] Esto enlaza con otros retos que existían antes de Covid-19, como las complejidades de compatibilizar la carrera y la familia. Para mí, esto es algo que siempre está en mi mente. Oigo el tictac de mi reloj biológico – como si fuera una carrera contra el tiempo para llegar a una posición en mi carrera en la que tener una familia tenga un impacto mínimo en mis expectativas laborales. Por supuesto, no todas las mujeres quieren/pueden tener hijos, pero para aquellas de nosotras en lo que es una prioridad, es agotador sentir constantemente que estás justificando tus decisiones ante los demás, la sociedad y ti misma. He hablado con mujeres que han sido testigos de horribles comentarios y microagresiones hacia las mujeres embarazadas y las madres en el mundo académico. Para mí, hay otro cambio mucho más inminente – me voy a casar el año que viene y me preocupa incluso el cambio de nombre y el impacto que tendrá en la reputación que tanto me ha costado construir. Estas son solo algunas de las tensiones adicionales que, en cierto modo, son exclusivas de las mujeres en CTIM.

Otra cuestión, y la idea que subyace al movimiento «así es como se ve un científico», es la visión estereotipada de las mujeres que trabajan en ciencias. Curiosamente, esta visión no siempre es exclusiva de los hombres. Existe la idea de que hay que ser un determinado tipo de mujer para encajar en ese espacio, por ejemplo, una friki, una «plain Jane» (referencia en inglés a una chica normal y simple), o básicamente Amy Farrah Fowler de The Big Bang Theory. Así que no basta con decir «las mujeres no quieren trabajar en el campo de la ciencia», sino que se trata de demostrar que todas las mujeres pertenecen a la ciencia. La idea de ser primero un ser humano polifacético y luego un científico es el camino a seguir. Tal vez entonces, más jóvenes y mujeres se identificarán como «hechas» para esta profesión. Se necesita fomentar una mayor diversidad en estos campos – organizaciones benéficas como I Can Be (yo puedo ser, en castellano) están realizando un trabajo inestimable para aumentar la visibilidad de las oportunidades laborales para chicas jóvenes. Esto solo resolvería un aspecto del problema, porque aunque muchas mujeres llegan al nivel de doctorado y superior, son muy pocas las que ocupan cargos de responsabilidad a medida que se avanza hacia los puestos más altos del escalafón. Es necesario abordar este problema de desrepresentación y desigualdad, porque sin referentes femeninos en altos cargos, es difícil para las mujeres seguir el ritmo de la carga de trabajo sabiendo que nuestras posibilidades de llegar a la cima de esa escalera son muy escasas.

Personalmente, las mujeres de CTIM dentro de las redes sociales y las científicas con las que trabajo, han sido un sistema de apoyo inestimable para mí. No he tenido ninguna mentora formalmente, pero creo que podría haberme beneficiado de ello, y por eso intento orientar a tantas mujeres jóvenes como sea posible en mi tiempo libre. Creo que es necesario que nos apoyemos las unas a las otras.

Pero no todo es fatalidad y pesimismo. Cada día se ven más progresos a nuestro alrededor. Recientemente, con mujeres inspiradoras como Emmanuelle Charpentier y Jennifer

Doudna que han sido galardonadas con el Premio Nobel de Química 2020 «por el desarrollo de un método para la edición del genoma», creando un referente para las jóvenes y las mujeres. La única manera de solucionar los problemas que persisten es avanzando juntos, todos los géneros. Con un debate activo, educación y concienciación, la actitud de «no es nuestro problema», que a veces hace que conversaciones como esta parezca que es sólo opcional, se esfumará. Las iniciativas que se apoyan en el «poder de las mujeres» y los esfuerzos de los grupos minoritarios, se convertirán en una carga compartida. Lo más urgente es dar más peso a las iniciativas que llegan a las jóvenes y fomentan su acceso a CTIM, la divulgación y programas de orientación y asesoramiento. El uso de estas actividades, junto con los baremos actuales por las que se juzga a un científico, como el número de publicaciones, nos permitirá evaluar aspectos como una remuneración justa y la idoneidad de los ascensos con mayor precisión.

Así que, aunque siguen existiendo algunos retos, los progresos que se siguen haciendo me llenan de optimismo sobre el futuro de las mujeres y las personas de género no binario que ocupan puestos en CTIM, y yo, por mi parte, seguiré haciendo todo lo que pueda para gritar tan fuerte como pueda sobre ellos.

Epílogo

Gracias por leer mi libro. Espero que realmente lo hayas disfrutado y que hayas aprendido algo nuevo sobre lo asombroso que es el cerebro y lo apasionante que puede ser la neurociencia.

Ha sido una experiencia increíble escribir este libro y llevarte conmigo en un viaje a través del cerebro y la neurociencia. Si pudiera pedirte un favor, ¿podrías por favor dejar una reseña en Amazon? Dependo de las reseñas y vuestras opiniones para ayudar a las personas a decidir si deben leer o no mi libro y de verdad me ayudaría muchísimo tu contribución. Te lo agradezco mucho, gracias.

Si tienes alguna pregunta sobre lo que has leído, envíame un correo electrónico o mensaje a través del sitio web o en el perfil de Instagram, me encantará saber de ti. El sitio web también contiene muchas sugerencias útiles sobre cómo puedes continuar tu viaje por el mundo de la neurociencia, así que asegúrate de echarle un vistazo.

www.aNeuroRevolution.com
Instagram: @TheEnglishScientist

Si te ha gustado el capítulo dedicado a las mujeres en CTIM, puedes seguir a la autora en las redes sociales o escuchar su podcast.

Jodi Barnard, de soltera Parslow
Instagram y Twitter: @notbrainscience
Podcast: https://theacademinist.buzzsprout.com/

Gracias de nuevo por leer y apoyar este libro.

AGRADECIMIENTOS

Me gustaría dar un gran agradecimiento a mis amigos y familiares que me han ayudado a dar forma al texto para convertirlo en una versión mejorada. Un agradecimiento especial a Diana Carter, a la que he nombrado como mi editora no oficial por ayudar en esos momentos en los que me estresaba por pensar que lo que escribía era una basura científica desastrosa, y a Dr. Ike dela Peña, por su edición científica en las secciones específicas. Gracias a Kate Linge por compartir su conocimiento técnico. Gracias también a mis padres por su apoyo.

También quiero mencionar al Dr. Matt Bolland, Thomas Gatti, Farah Ghosn, Dr. Cian McGuire, Dr. Sagar Raturi y a Andy Tranter, quienes leyeron algunos de los primeros borradores para asegurarse de que no estaba escribiendo sobre cosas sin sentido, y a Steph Tranter, quien me ayudó a mejorar mi dominio de las redes sociales. También quiero agradecerle a Sara Solak, alias «The Cookie Lady» (la señorita de las galletas, en castellano) (Instagram @cpmfcookiesandcrafts) por escucharme pacientemente hablar de nada más que de mi libro durante los últimos seis meses, y a Amanda Limonius por escucharme despotricar sobre su escritura. Por supuesto, quiero dar las gracias a Melissa Estrada por animarme durante todo el proceso, ayudándome a convertir este libro en lo que es hoy.

Por último, me gustaría agradecerte a ti, el lector, por tomarte el tiempo de leer mi libro y por acompañarme en este viaje a través de la neurociencia.

GLOSARIO

ADN Las instrucciones que dan vida a una célula, que se almacenan en el núcleo de cada célula del cuerpo, ácido desoxirribonucleico

AMÍGDALA Zona del lóbulo temporal que forma parte del centro del comportamiento y emocional, el sistema límbico

AMPA Receptores más conocidos por unirse al glutamato en procesos de aprendizaje y la memoria, ácido alfa-amino-3-hidroxi-5-metil-4-isoxazolpropiónico

ÁREA TEGMENTAL VENTRAL (ATV) Estructura del cerebro medio que proyecta neuronas dopaminérgicas, muy implicada en el movimiento, la motivación y las vías de recompensa

ASTROCITO Un subtipo de las células gliales, esta célula con forma de estrella tiene funciones complejas, como el mantenimiento de las sinapsis neuronales

BIOMARCADOR Algo que se utiliza como indicador de un proceso biológico. Un ejemplo sería una proteína que puede medirse para comprender la progresión de una enfermedad

CANAL IÓNICO Un canal de la superficie celular (proteína) que permite el paso de iones dentro y fuera de la célula

CÉLULAS GLIALES Apoyan a las neuronas que incluyen astrocitos, oligodendrocitos, microglía y células ependimarias

CÉLULAS MADRE Células especiales «sin definir» que pueden acabar siendo cualquier tipo de célula del cuerpo

CONEXIONES Enlace de unas neuronas con otras para formar una red neuronal de comunicación

CORTEZA La capa externa del cerebro, básicamente la parte visible externamente

CORTEZA CINGULADA ANTERIOR (CCA) Región frontal de la corteza cingulada relacionada conatía, la toma de decisiones y el control ejecutivo de muchas otras funciones cerebrales

CORTEZA PREFRONTAL (CPF) Parte frontal del cerebro que interviene en las funciones ejecutivas superiores, como la predicción, la planificación y, en general, en muchos comportamientos del cerebro

CRIPTOCROMO Una proteína sensible a la luz e involucrada en la detección de campos magnéticos.

CRISPR Una técnica de edición de genes, Repeticiones Palindrómicas Cortas, Agrupadas y Regularmente Espaciadas

DENDRITA Una rama, o una extensión, de una neurona

DEPRESIÓN A LARGO PLAZO Proceso para reducir la eficiencia de las neuronas con el fin de olvidar, principalmente para los movimientos motores

EEG Una medida no invasiva de ondas cerebrales, electroencefalograma

EJE HHS Regiones conectadas que controlan el estrés a través de hormonas y respuestas cerebrales, hipotálamo-hipofisario-suprarrenal

ELECTRODO Un pequeño dispositivo para registrar la actividad eléctrica

GABA Un neurotransmisor inhibidor, ácido gamma-aminobutírico

GIRO Pliegues redondeados en la superficie del cerebro que aumentan el área de la superficie para tener espacio para más neuronas

GIRO DENTADO Una estructura dentro del hipocampo involucrada en ayudar a coordinar los recuerdos

GIRO FUSIFORME juega un papel importante en el reconocimiento de rostros y expresiones faciales

HIPOCAMPO Una banda con forma de caballo de mar en el lóbulo temporal fundamental para el aprendizaje y la creación de recuerdos

HIPOTÁLAMO Centro de control para el sistema nervioso y para cosas como la temperatura corporal

NÚCLEO PREÓPTICO DEL HIPOTÁLAMO (POAH, POR EN SUS SIGLAS EN INGLÉS) Área del hipotálamo que regula la temperatura

IA Simulación de la inteligencia y el pensamiento humana en una máquina programada, Inteligencia Artificial

ICO Comunicación entre el cerebro y un dispositivo informático para permitir o mejorar la función cerebral

IRM Imagen para ver el cuerpo y el cerebro, imagen por resonancia magnética

LOCUS COERULEUS Produce el neurotransmisor noradrenalina, que interviene en muchas cosas, como los niveles de atención

MEMORIA DECLARATIVA Un tipo de memoria a largo plazo para recordar hechos y eventos de los que somos conscientes

MEMORIA NO DECLARATIVA Tipo de memoria a largo plazo que se produce sin que seamos conscientes de ello, como recordar cómo se camina o cómo se monta en bicicleta

NAV Canal iónico que prefiere dejar pasar a los iones de sodio

NEOCÓRTEX Es la parte más nueva del cerebro y está implicada en aspectos como la toma de decisiones y el lenguaje

NEURODEGENERACIÓN Enfermedad en la que una parte del sistema nervioso, como una neurona, pierde su función y estructura y deja de funcionar correctamente

NEURONA Un tipo de célula cerebral para transmitir una señal

NEUROTRANSMISOR Mensajero químico entre las neuronas

NMDA Un neurotransmisor estimulante, el N-metil-D-aspartato

NOCICEPTOR Receptores que transmiten el dolor, y las neuronas que los contienen se denominan nociceptores

NÚCLEO ACCUMBENS Área implicada en la señalización de la dopamina para el movimiento y la adicción

NÚCLEO CAUDADO Cerca del centro del cerebro, interviene en el movimiento, la planificación, la memoria, la adicción y las emociones

NÚCLEO PREÓPTICO VENTROLATERAL (VLPO) Importante en el control del sueño, principalmente a través de un sistema de neuronas inhibidoras

NÚCLEO SUBTALÁMICO (STN) Pequeño número de neuronas situado debajo del tálamo que contribuye al movimiento, pero que puede estar implicado en la toma de decisiones y la memoria

Núcleo supraquiasmático (NSQ) Dentro del hipotálamo, sirve de marcapasos del ritmo circadiano

Organoide Versión simple de un órgano, formado por células, que se estudia en el laboratorio

Péptido β-amiloide Beta-amiloide, forma parte de las placas amiloides implicadas en la enfermedad de Alzheimer. Un péptido es una secuencia corta de aminoácidos que componen una proteína

Plasticidad Una estructura cerebral modificada para alterar su función

Potenciación a largo plazo Proceso que aumenta la eficiencia de las neuronas y sus conexiones para facilitar los recuerdos

Receptor Estructura proteica en la superficie de una célula para recibir una señal y convertirla en un mensaje dentro de la célula

Ritmo circadiano Actividad biológica del cuerpo que se produce dentro de un ciclo de 24 horas

Sinapsis Espacio entre neuronas donde se liberan neurotransmisores

Sistema límbico Conjunto de estructuras que incluyen la amígdala, el hipocampo, el hipotálamo, el tegmentum, el COF y el CCA, que influyen en el comportamiento y las emociones

Substancia negra (SN) Región del cerebro medio que contiene neuronas de dopamina y melanina importantes en la enfermedad de Parkinson y en la vía de la recompensa

Sueño lúcido Sueño en el que la persona adquiere conciencia del sueño

Sueño NREM Fase de movimiento ocular no rápido durante el sueño

SUEÑO REM Fase de movimiento ocular rápido durante el sueño

TÁLAMO Pequeña área situada justo encima del tronco encefálico que actúa como centro de transmisión de los mensajes que llegan al cerebro

REFERENCIAS

CAPÍTULO 1: Pregúntale a un Neurocientífico

¿Cuál es la parte más antigua de nuestro cerebro y qué es lo que hace?

1. MacLean, P. (1990). *The triune brain in evolution: Role in paleocerebral functions*. Plenum, New York.

¿Qué le hace el cannabis a mi cerebro? y ¿debería preocuparme?

2. Malone, *et al.* (2010). Adolescent cannabis use and psychosis: epidemiology and neurodevelopmental model. *Br J Pharm*; 160 (3).

3. Colizzi, *et al.* (2015). Interaction between functional genetic variation of DRD2 and cannabis use on risk of psychosis. *Schiz Bull*; 41 (5).

4. Eldreth, *et al.* (2004). Abnormal brain activity in prefrontal brain regions in abstinent marijuana users. *Neuroimage*; 23 (3).

5. de Souza Crippa, *et al.* (2004). Effect of cannabidiol (CBD) on regional cerebral blood flow. *Neuropsychopharm*; 29 (2).

6. Masataka (2019). Anxiolytic effects of repeated cannabidiol treatment in teenagers with social anxiety disorders. *Front Psychol*; 10.

7. Skelley, *et al.* (2003). Use of cannabidiol in anxiety and anxiety-related disorders. *J AM Pharm Assoc*; 60 (1).

¿Por qué parece que congeniamos con algunas personas y nos convertimos en amigos al instante?

8. Tseng, *et al.* (2018). Interbrain cortical synchronization encodes multiple aspects of social interactions in monkey pairs. *Scientific Reports*; 8 (4699).

9. Lee, *et al.* (2015). Emergence of the default-mode network from resting-state to activation-state in reciprocal social interaction via eye contact. *Annu Int Conf IEEE Eng Med Biol Soc*; 2015.

10. di Pellegrino, *et al.* (1992). Understanding motor events: a neurophysiological study. *Exp Brain Res*; 91 (1).

11. Molenberghs, *et al.* (2012). Brain regions with mirror properties: a meta-analysis of 125 human fMRI studies. *Neurosci Biobehav Rev*; 36 (1).

12. Khalil, *et al.* (2018). Social decision making in autism: On the impact of mirror neurons, motor control, and imitative behaviors. *CNS Neurosci Ther;* 24 (8).

¿Influye el aprender idiomas en las otras funciones cerebrales y en la memoria?

13. Javor (2016). Bilingualism, theory of mind and perspective-taking: the effect of early bilingual exposure. *Psychol & Behav Sci;* 5 (6).

14. Craik, *et al.* (2010). Delaying the onset of Alzheimer's disease – bilingualism as a form of cognitive reserve. *Neurology;* 75 (19).

15. Alladi, *et al.* (2016). Impact of Bilingualism on Cognitive Outcome After Stroke. *Stroke;* 47 (1).

¿Por qué nos volvemos adictos a cosas?

16. Volkow, *et al.* (2011). Reward, dopamine and the control of food intake: implications for obesity. *Trends Cogn Sci;* 15 (1).

17. Schultz, (1998). Predictive reward signal of dopamine neurons. *J Neurophsy;* 80 (1).

18. Elliot, *et al.* (2003). Differential response patterns in the striatum and orbitofrontal cortex to financial reward in humans: a parametric functional magnetic resonance imaging study. *J Neurosci;* 23 (1).

19. Ducci & Goldman (2012). The genetic basis of addictive disorders. *Psych Clin North Am;* 35 (2).

¿Por qué perdemos la memoria cuando nos golpeamos la cabeza?

20. Vakil (2005). The effect of moderate to severe traumatic brain injury (TBI) on different aspects of memory: a selective review. *J Clin Exp Neuropsychol;* 27.

21. Rigon, *et al.* (2019). Procedural memory following moderate-severe traumatic brain injury: group performance and individual differences on the rotary pursuit task. *Front Human Neurosci;* 13 (251).

¿Qué es el sueño y por qué dormimos?

22. Hoevenaar-Blom, *et al.* (2011). Sleep duration and sleep quality in relation to 12-year cardiovascular disease incidence: the MORGEN study. *Sleep;* 34.

23. Musiek & Holtzman (2016). Mechanisms linking circadian clocks, sleep, and neurodegeneration. *Science*; 354 (6315).

24. Carlson & Chiu (2008). The absence of circadian cues during recovery from sepsis modifies pituitary-adrenocortical function and impairs survival. *Shock*; 29.

25. Mainieri, *et al.* (2020). Are sleep paralysis and false awakenings different from REM sleep and from lucid REM sleep? A spectral EEG analysis. *J Clin Sleep Med*; epub 2020.

¿Qué son los sueños y por qué los tenemos?

26. Hajek & Belcher (1991). Dream of absent-minded transgression: an empirical study of a cognitive withdrawal symptom. *J Abnorm Psychol*; 100 (4).

27. Wamsley & Stickgold (2011). Memory, sleep and dreaming: experiencing consolidation. *Sleep Med Clin*; 6 (1).

28. Stickgold, *et al.* (2000). Replaying the game: hypnagogic images in normal and amnesics. *Science*; 290.

29. Paulson, *et al.* (2017). Dreaming: a gateway to the unconscious? *Annals of the New York Academy of Sciences*; 1406.

30. Nielsen & Stentstrom (2005). What are the memory sources of dreaming? *Nature*; 437 (7063).

31. Levin & Nielsen (2007) Disturbed dreaming posttraumatic stress disorder, and affect distress: A review and neurocognitive model. *Psychol Bull*; 133 (3).

32. Baird, *et al.* (2019). The cognitive neuroscience of lucid dreaming. *Neurosci Biobehav Rev*; 100.

33. Spoormaker & van den Bout (2006). Lucid dreaming treatment for nightmares: a pilot study. *Psychotherapy & Psychosomatics*; 75 (6).

34. Baird, *et al.* (2018). Frequent lucid dreaming associated with increased functional connectivity between frontopolar cortex and temporoparietal association areas. *Scientific Reports*; 8.

35. LaBerge, *et al.* (2018) Pre-sleep treatment with galantamine stimulates lucid dreaming: a double-blind, placebo-controlled, crossover study. *PLoS ONE*; 13.

36. Konkoly, *et al.* (2021). Real-time dialogue between experimenters and dreamers during REM sleep. *Current Biology*; 31.

¿Pueden regenerarse las células del cerebro?

37. Moreno-Jiménez, *et al.* (2019). Adult hippocampal neurogenesis is abundant in neurologically healthy subjects and drops sharply in patients with Alzheimer's disease. *Nature Medicine*; 25.

38. Gunnar, *et al.* (2020). Injured adult neurons regress to an embryonic transcriptional growth state. *Nature*; 581 (7806).

39. Reimer, *et al.* (2008). Motor Neuron Regeneration in Adult Zebrafish. *J Neuroscience*; 28 (34).

¿Cómo se codifica la memoria en el cerebro?

40. Wixted, *et al.* (2014). Sparse and distributed coding of episodic memory in neurons of the human hippocampus. *PNAS*; 111 (26).

41. Müller, *et al.* (2017). Hippocampal-caudate nucleus interactions support exceptional memory performance. *Brain Struct Funct*; 223.

¿Tiene un genio un cerebro diferente?

42. Goriounova, *et al.* (2018). Large and fast human pyramidal neurons associate with intelligence. *Elife*; 7.

43. Pietschnig, *et al.* (2015). Meta-analysis of association between human brain volume and intelligence differences: How strong are they and what do they mean? *Neuroscience and Behavioural Reviews*; 57.

44. Hilger, *et al.* (2017). Intelligence is associated with the modular structure of intrinsic brain networks. *Scientific Reports*; 7.

45. Catani & Mazzarello. (2019). Leonardo da Vinci: a genius driven to distraction. *Brain*; 142 (6).

¿Puede el cerebro realizar varias tareas a la vez?

46. Madore & Wagner (2019). Multicosts of multitasking. *Cerebrum*; 1.

47. Clapp, *et al.* (2011). Deficit in switching between functional brain networks underlies the impact of multitasking on working memory in older adults. *PNAS*; 108 (9170).

¿Qué es la depresión y cómo cambia al cerebro?

48. Hasin, *et al.* (2018). Epidemiology of adult DSM-5 major depressive disorder and Its specifiers in the United States. *JAMA Psychiatry*; 75 (4).

49. Davis, *et al.* (2020). Effects of psilocybin-assisted therapy on major

depressive disorder. *JAMA Psychiatry*; epub 2020.

50. Stockmeier, *et al.* (2004). Cellular changes in the postmortem hippocampus in major depression. *Biol Psychiatry*; 56 (9).

51. Ménard, *et al.* (2016). Pathogenesis of depression: insights from human and rodent studies. *Neurosciencei*; 321.

52. Fang, *et al.* (2020). Chronic unpredictable stress induces depression-related behaviors by suppressing AgRP neuron activity. *Mol Psychiatry*; 1.

53. Lutz, et al. (2017). Association of a history of child abuse with impaired myelination in the anterior cingulate cortex: convergent epigenetic, transcriptional, and morphological evidence. Am J Psychiatry; 174 (12).

54. Sarris, *et al.* (2014). Lifestyle medication for depression. *BMC Psychiatry*; 14 (107).

55. Gujral, *et al.* (2017). Exercise effects on depression: possible neural mechanisms. *Gen Hosp Psychiatry*; 49.

56. Nokia, *et al.* (2016). Physical exercise increases adult hippocampal neurogenesis in male rats provided it is aerobic and sustained. *J Phys*; 594 (7).

57. Ambrosi, *et al.* (2019). Randomized controlled study on the effectiveness of animal-assisted therapy on depression, anxiety, and illness perception in institutionalized elderly. *Psychogeriatrics*; 19 (1).

¿Qué ocurre en el cerebro durante la meditación? ¿Existen beneficios reales?

58. Vasudev, *et al.* (2016). A training programme involving automatic self-transcending meditation in late-life depression: preliminary analysis of an ongoing randomised controlled trial. *B J Psych Open*; 2 (2).

59. Kuyken, *et al.* (2015). Effectiveness and cost-effectiveness of mindfulness-based cognitive therapy compared with maintenance antidepressant treatment in the prevention of depressive relapse or recurrence (PREVENT): a randomised controlled trial. *Lancet*; 386 (9988).

60. Goyal, *et al.* (2014). Meditation programs for psychological stress and well-being: a systematic review and meta-analysis. *JAMA Intern Med;* 174 (3).

61. Wielgosz, *et al.* (2019). Mindfulness meditation and psychopathology. *Ann Rev Clin Psychol*; 15.

62. Schlosser, *et al.* (2019). Unpleasant meditation-related experiences in regular meditators: prevalence, predictors, and conceptual considerations. *PLOS One*; 14 (5).

¿Tienen hombres y mujeres cerebros diferentes?

63. Ingalhalikar, *et al.* (2014). Sex differences in the structural connectome of the human brain. *PNAS*; 111 (2).

64. Zhang, *et al.* (2020). Gender differences are encoded differently in the structure and function of human brain revealed by multimodal MRI. *Front Human Neuro*; 14 (244).

65. Caplan, *et al.* (2017). Do microglia play a role in sex differences in TBI? *J Neuro Research*; 95.

66. Lotze, *et al.* (2019). Novel findings from 2,838 adult brains on sex differences in gray matter brain volume. *Scientific Reports*; 9 (1671).

67. Liutsko, *et al.* (2020). Fine motor precision tasks: sex differences in performance with and without visual guidance across different age groups. *Behav Sci*; 10 (1).

68. Nieuwenhuis, *et al.* (2017). Multi-center MRI prediction models: predicting sex and illness course in first episode psychosis patients. *Neuroimage*; 145 (pt2).

69. Sommer, *et al.* (2008). Sex differences in handedness, asymmetry on the planum temporale and functional language lateralization. *Brain Research*; 1206.

70. McDaniel (2005). Big-brained people are smarter: a meta-analysis of the relationship between in vivo brain volume and intelligence. *Intelligence*; 33 (4).

71. Pietschnig, *et al.* (2015). Meta-analysis of associations between human brain volume and intelligence differences: How strong are they and what do they mean? *Neurosci & Behav Rev*; 57.

¿Qué es nuestra conciencia?

72. Hudetz, *et al.* (2015). Dynamic repertoire of intrinsic brain states is reduced in propofol-induced unconsciousness. *Brain Connect*; 5 (1).

73. Libet, *et al.* (1983). Time of conscious intention to act in relation to onset of cerebral activity (readiness-potential). The unconscious initiation of a freely voluntary act. *Brain*; 106 (pt 3).

74. Matsuhashi & Hallet. (2008). The timing of conscious intention to move. *Eur J Neuro*; 28 (11).

CAPÍTULO 2: Los expedientes X de la neurociencia

1. Enoch & Trethowan (1991). *Uncommon psychiatric syndromes*. (3rd ed), Oxford, Boston; Butterworht-Heinemann.

2. Hirstein & Ramachandran (1997). Capgras syndrome: a novel probe for understanding the neural representation of the identity and familiarity of persons. *Proc Biol Sci*; 264 (1380).

3. Caputo (2010). Strange-face-in-the-mirror-illusion. *Perception*; 39.

4. Caputo (2015). Dissociation and hallucinations in dyads engaged through interpersonal gazing. *Psychiatry Research*; 228.

5. Grossi, *et al.* (2014). Structural connectivity in a single case of progressive prosopagnosia: the role of the right inferior longitudinal fasciculus. *Cortex*; 56.

6. Petrone, *et al.* (2020). Preservation of neurons in an AD 79 vitrified human brain. *PLoS ONE*; 15 (10).

7. Hames, *et al.* (2012). An urge to jump affirms the urge to live: an empirical examination of the high places phenomenon. *Journal of Affective Disorders*; 136.

8. Wang, *et al.* (2019). Transduction of the geomagnetic field as evidence from alpha-band activity in the human brain. *eNeuro*; 6 (2).

9. Weiskrantz, *et al.* (1974). Visual capacity in the hemianopic field following a restricted occipital ablation. *Brain*; 97 (4).

10. Ajina, *et al.* (2020). The superior colliculus and amygdala support evaluation of face trait in blindsight. *Front Neurol*; 11 (769).

11. Linda Rodriguez McRobbie (2017). Total recall: the people who never forget. The Guardian Newspaper; 8 February. https://www.theguardian.com/science/2017/feb/08/total-recall-the-people-who-never-forget.

12. Santangelo, *et al.* (2018). Enhanced brain activity associated with memory access in highly superior autobiographical memory. *PNAS*; 115 (30).

CAPÍTULO 3: El futuro de la neurociencia

1. Ian Sample (2012). The Guardian Newspaper. Harvard University says it can't afford journal publishers' prices. 24 April. https://www.theguardian.com/science/2012/apr/24/harvard-university-journal-publishers-prices.

2. Anna Fazackerley (2021). The Guardian Newspaper. Price gouging from Covid: student ebooks costing up to 500% more than in print. 29 January. https://www.theguardian.com/education/2021/jan/29/price-gouging-from-covid-student-ebooks-costing-up-to-500-more-than-in-print.

3. de Vries, *et al* (2019). A large-scale standardized physiological survey reveals functional organization of the mouse visual cortex. *Nature Neuroscience*;23.

4. Wu, *et al.* (2020). Kilohertz two-photon fluorescence microscopy imaging of neural activity in vivo. *Nature Methods*; 17 (3).

5. Weisenburger, *et al.* (2019). Volumetric Ca2+ imaging in the mouse brain using hybrid multiplexed sculpted light microscopy. *Cell*; 177 (4).

6. Gao, *et al.* (2019). Cortical column and whole-brain imaging with molecular contrast and nanoscale resolution. *Science*; 363 (6424).

7. Antonio Regalado (2018). https://www.technologyreview.com/2018/03/13/144721/a-startup-is-pitching-a-mind-uploading-service-that-is-100-percent-fatal/.

8. White, *et al* (1971). Primate cephalic transplantation: neurogenic separation, vascular association. *Transpl Proc*; 3.

9. Oxley, *et al.* (2020). Motor neuroprosthesis implanted with neurointerventional surgery improves capacity for activities of daily living tasks in severe paralysis: first in-human experience. *J Neurointervent Surg*.

10. Kangassalo, *et al.* (2020). Neuroadaptive modelling for generating images matching perceptual categories. *Scientific Reports*; 10.

11. Jiang, *et al.* (2019). BrainNet: A multi-person brain-to-brain interface for direct collaboration between brains. *Scientific Reports*; 9 (6115).

12. Chiaradia & Lancaster (2020). Brain organoids for the study of human neurobiology at the interface of in vitro and in vivo. *Nature Neuroscience*; 23.

13. Kim, *et al.* (2015). A 3D human neural cell culture system for modelling Alzheimer's disease. *Nat Protoc*; 10 (7).

14. Cairns, *et al* (2020). A 3D human brain-like tissue model of herpes-induced Alzheimer's disease. *Science Advances*; 6.

15. Todhunter, *et al.* (2015). Programmed synthesis of three-dimensional tissues. *Nature Methods*; 12 (10).

16. Food and Drug Administration November 6, 2020: https://www.fda.gov/advisory-committees/advisory-committee-calendar/november-6-2020-meeting-peripheral-and-central-nervous-system-drugs-advisory-committee-meeting.

17. Jinek, *et al.* (2012). A programmable dual-RNA–guided dna endonuclease in adaptive bacterial immunity. *Science*; 337.

18. Barrangou, *et al.* (2016). Applications of CRISPR technologies in research and beyond. *Nat Biotechnol*; 34.

19. Sanders, *et al* (2014). LRRK2 mutations cause mitochondrial dna damage in ipsc-derived neural cells from parkinson's disease patients: reversal by gene correction. *Neurobiol Dis*; 62.

20. Jonsson, *et al.* (2012). A Mutation in APP protects against Alzheimer's disease and age-related cognitive decline. *Nature*; 488.

21. Firth, *et al.* (2015). Functional gene correction for cystic fibrosis in lung epithelial cells generated from patient iPSCs. *Cell Rep*; 12 (9).

22. Osborn, *et al.* Fanconi anemia gene editing by the CRISPR/Cas9 system. *Human Gene Therapy*; 26 .

23. Fan, *et al.* (2018). The role of gene editing in neurodegenerative disease. *Cell Transplant*; 27 (3).

24. Sermer & Brentjens (2019). CAR T-cell therapy: full speed ahead. *Hematol Oncol*; 37 (supp 1).

25. Ma, *et al.* (2017). Corrections of a pathogenic gene mutation in human embryos. *Nature*; 548.

26. Ewen Callaway (2018). Did CRISPR really fix a genetic mutation in these human embryos? 08 Aug. Nature: https://www.nature.com/articles/d41586-018-05915-2.

27. Allen, *et al.* (2018). Predicting the mutations generated by repair of Cas9-induced double-strand breaks. *Nature Biotechnology*; 37

28. Campa, *et al* (2019). Multiplexed genome engineering by Cas12a and CRISPR arrays encoded on single transcripts. *Nature Methods*; 16

29. Basil Leaf Technologies. December 21 2020. www.basilleaftech.com/dxter.

30. Pais-Vieira, *et al.* (2013). A Brain-to-brain interface for real-time sharing of sensorimotor information. *Scientific Reports*; 3 (1319).

31. Onestack, (1997). The effect of visuo-motor behavior rehearsal (VMBR) and videotaped modelling on the free-throw performance of intercollegiate athletes. *Journal of Sport Behavior*; 1.

32. Ranganathan, *et al.* (2004). From mental power to muscle power – gaining strength by using the mind. *Neuropsychologia*; 42.

33. Hampson, *et al.* (2018). Developing a hippocampal neural prosthetic to facilitate human memory encoding and recall. *J Neural Eng*; 15 (3).

CAPÍTULO 4: En el interior de la madriguera de la ciencia

1. U.S. Department of Education. Nov 2019. https://www.ed.gov/news/press-releases/us-department-education-advances-trump-administrations-stem-investment-priorities.

2.	Med Reps. 2019. 2019 9th annual medical sales salary report. https://www.medreps.com/medical-sales-careers/2019-medical-sales-salary-report.

3.	Office for national statistics. (2020). Research and development expenditure by the UK government. https://www.ons.gov.uk/economy/governmentpublicsectorandtaxes/research anddevelopmentexpenditure/bulletins/ukgovernmentexpenditureonscienceen gineeringandtechnology/2018.

4.	Wouters, *et al.* (2020). Estimated research and development investment needed to bring a new medicine to market, 2009-2018. *JAMA*; 323 (9).

CAPÍTULO 5: Las mujeres en campos de CTIM

Una Neurocientífica en Londres, y sí soy mujer por Jodi Barnard

1.	Minello. (2020). The pandemic and the female academic. *Nature*; 17.

2.	Viglione. (2020). Are women publishing less during the pandemic? Here's what the data say. *Nature*; 581 (7809).

EXTRAS

Atribución de la imagen de Phineas Gage

Originalmente de la colección de Jack and Beverly Wilgus, y ahora en el museo Warren Anatomical Museum, Harvard Medical School.

Hola.

Llegaste hasta el final del libro, e incluso atravesaste las
¡páginas de referencia!

Eso es estupendo. Gracias por leerlo todo.

Pero ya no hay más.

O sí..........

No, ya no queda nada.

248

www.ingramcontent.com/pod-product-compliance
Lightning Source LLC
Chambersburg PA
CBHW070801280326
41934CB00012B/3002